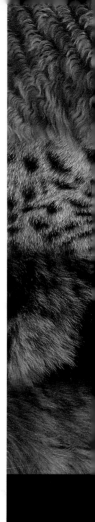

猫咪百科

Catalog

[英] 布鲁斯·费格尔 著　　曹中承 译

上海文化出版社

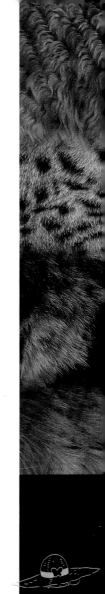

Penguin Random House

Original Title: Catalog
Copyright © 2002 Dorling Kindersley Limited,
Text Copyright © 1995 Dr.Bruce Fogle
A Penguin Random House Company

本书由英国多林金德斯利有限公司授权上海文化出版社独家出版发行

图书在版编目（CIP）数据

DK猫咪百科 / (英) 布鲁斯·弗格尔著；曹中承译
. -- 上海：上海文化出版社，2018.6（2023.10重印）
ISBN 978-7-5535-1256-3

Ⅰ.①D… Ⅱ.①布…②曹… Ⅲ.①猫 - 世界 - 普及
读物 Ⅳ.①S829.3-49

中国版本图书馆CIP数据核字(2018)第107551号
图字：09-2018-472号

出 版 人　姜逸青
责任编辑　王茗斐　任 战
装帧设计　王 伟　版面设计 汤 靖
插画设计　小栗子

书　　名　DK猫咪百科
作　　者　(英) 布鲁斯·弗格尔
译　　者　曹中承
出　　版　上海世纪出版集团
　　　　　上海文化出版社
地　　址　上海市闵行区号景路159弄A座3楼
邮政编码　201101
发　　行　上海文艺出版社发行中心
　　　　　上海市闵行区号景路159弄A座2楼206室
　　　　　www.ewen.co
邮政编码　201101
印　　刷　鸿博昊天科技有限公司
开　　本　889×1194 1/40
印　　张　10
版　　次　2018年8月第一版 2023年10月第七次印刷
书　　号　ISBN 978-7-5535-1256-3/S.007
定　　价　88.00元

敬告读者　本书如有质量问题请联系印刷厂质量科
电　　话　010-87563888

混合产品
纸张 |
支持负责任林业
FSC® C018179

www.dk.com

导言

目录 CONTENTS

选择培育的历史

　　猫咪陪伴人类已经长达几千年了，而选择培育是直到最近几个世纪才真正开始兴盛起来的事物。在 19 世纪末期，在最早的那些猫展的刺激下，新生的品种俱乐部遍布欧洲和北美。早先培育出的实际上只是那些已经自然发展了的品种，但很快培育者们便学会运用新掌握的被毛图案遗传知识来创造各种新的毛色和图案。近代人类对这些猫科动物进化的介入的确创造出了不少了不起的成果。

古代或现代

伯曼猫中有一种被毛图案，可能是在一个较为与世隔绝的地区自然进化而来的。但也有人说伯曼猫压根是一种"人造品种"。

品种注册的开始

最早的猫展或许可以一直追溯到莎士比亚所在的那个时代，也就是 1598 年，在英格兰温彻斯特 (Winchester) 的 St. Gile's Fair 举行。莎士比亚将这些猫形容为"无害而且必须的动物"。在那届展会上，猫咪们不仅要展示自己的性格和外观，甚至还要表现自己的捕鼠能力。在地球的另一边，泰国的一本《猫的诗集》(Cat Book Poem) 记录下了毛色、种类各不相同的猫。第一届正式的猫展于 1871 年在伦敦举办。这届猫展是由 Harrison Weir 组织的，他不仅亲自为这次参展的所有种类的猫咪编写了标准，还是三位裁判中的一人。而在北美，最早受到广泛关注的猫展，是由 James T. Hyde 于 1895 年在纽约麦迪逊广场花园 (Madison Square Garden，New York) 组织进行的。那次，获胜的冠军是一只缅因浣熊猫。随着各协会的成立，猫展的各项规则也渐渐出台。1887 年，"全国猫咪俱乐部 (National Cat Club)"在英国成立，由 Harrison Weir 出任俱乐部主席。1896 年，"美国猫咪俱乐部 (American Cat Club)"成为北美第一个注册机构。

现代的注册机构

全球最大的纯种猫注册机构当属"国际爱猫联合会 (Cat Fancier Association, 简称 CFA)"了，它成立于 1906 年，旗下的俱乐部遍布美国、加拿大、南美洲、欧洲和日本。CFA 的注册理念只允许血统最纯的猫咪获得注册，例如，只有 4 种毛色的缅甸猫可以获得注册。而最为开明的，或者可以说最具实验性的注册机构应该要数"国际猫协 (The International Cat Association, 简称 TICA)"了。它成立于 1979 年，以北美为基地。相比其他的注册机构而言，这个注册机构以最快的速度来接受一个新的品种，并且鼓励实验。"英国爱猫协会 (Governing Council of the Cat Fancy, 简称 GCCF)"成立于 1910 年，它的政策一直是不变的，但比 CFA 的政策要好一些，并且它在南非、新西兰以及澳大利亚都有接受注册的实体。在欧洲，许多注册机构都属于"国际猫科动物联盟 (Fédération Internationale Féline, 简称 FIFé)"，它成立于 1949 年。FIFé 号称是世界上最大的猫科动物组织。

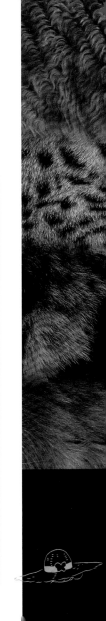

老品种与新品种

按照出现的年月顺序，猫的品种可被分为两大类。第一类是在自由繁殖的各种猫中自然出现的那些品种，尽管这些猫可能是各自相对独立的群体。许多这一类的猫都是以毛色和被毛图案为特征的，而且从基因上来看，这些特点绝大多数总是"隐性的"，例如，阿比西尼亚猫的间色图案就是一个隐性的特征，需要通过选择培育来使其显得突出。还有一些品种则是以独特的基因突变为特征的，日本短尾猫（见 150 页）和无尾的曼岛猫（见 176 页）就是很好的例子。一些品种则是通过自然发展，形成一个类型，随后被正式承认为相应的品种，比如英国短毛猫、美国短毛猫、欧洲短毛猫（见 164、190、212 页）、挪威森林猫、西伯利亚森林猫（见 58 和 64 页）以及缅因浣熊猫（见 46 页）就都属于这一类别。而最后被用来定义这些早期品种的主要特征，还是被毛的长度。

有特点的猫

最近又有一个新的趋势，那就是为了脾气和性格培养猫咪，著名的好脾气——布偶猫就是最明显的例子。

海岛品种

在亚洲各地，我们都能发现短尾猫。但是对日本短尾猫而言，海岛上不可避免的有限基因库是它们发展的必备条件之一。

到了近现代，人们已经主动地开发新的品种，并且有时是十分科学地进行新的培育。东方短毛猫（见292页）、奥西猫（见338页）、安哥拉猫（见132页）以及英国的亚洲猫（见254页）都是新近才被创造出来的。这是猫咪世界中正在不断"增长"的一块，在20世纪里出现的新品种数量要比家猫过去历史上出现的全部品种总和还要多。培育者们一直在争论，如果他们能有机会选择外表健康的品种个体，即便基因库很小，他们也能创造出健康的猫咪。尽管如此，基因健康问题和对疾病的抵抗力不断降低的问题都是需要一段时间才能显现出来的。

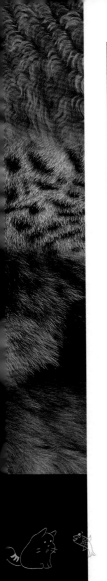

各品种图表释意

几十年前，被正式认可的品种寥寥可数，如今却已经猛增到几十种了。一些注册机构已经接受了新的基因突变；通过引入新的毛色和毛长，从现有品种中也可以创造出新的品种；此外，一个国家的品种在其他国家也可以获得承认。总之，新品种在以各种方式不断增加。

98 长毛猫

眼睛分得很开

细腻的双层被毛，不长不短，有着银尖色的护毛

关键要素

起源时间: 1986 年
发源地: 美国
祖先: 俄罗斯蓝猫 (Russian 蓝色)
异型杂交品种: 俄罗斯蓝猫
别名: 无
体重范围: 2.25~5 kg(6~11 lb)
性格: 腼腆、羞怯

了解图表

关于一个品种的关键信息（诸如历史、名称、杂交品种以及特征），都可以被归在一个要点列表——"关键要素"表框里，以便供您及时参考。尽管如此，这样的表格还是不足以让您对整个品种有一个完整、公正的印象，因此更多的细节都将在对品种的描述和历史中详细陈述。其他关于体形或是特殊颜色的附加信息都将被包含在对主图或是副图的说明和标签中。

关键要素

关于其历史、名称、允许杂交的品种、个性特征以及毛发梳理要求的综合信息

说明
猫展要求的品种标准细
节要求

主要图片
描绘出无论在哪儿都很醒目的品种身
体特征以及流行的毛色

介绍文字
描绘出品种的身体及心理
特征

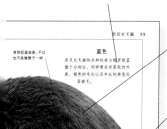

奈贝长毛猫　99

蓝色
奈贝长毛猫的品种标准与俄罗斯蓝
猫十分相似，同样要求有柔软的外
表、银色的毛尖以及半长的典型双
层被毛。

身体短壮苗条，不过
也不是像管子一样

78　长毛猫　　　　　　　　　　　　　　　　　　　　苏格兰折耳猫　79

苏格兰折耳猫（Scottish Fold）

　　和它们的短毛亲戚（见186页）有着同样特别的耳朵，长毛的苏
格兰折耳猫看上去雍容而又温暖。就和其他所有的长毛猫一样，它们
在冬天的时候会蓬松起自己柔暖的"短裙"以及巨大的毛茸茸的尾巴。这时的它们才是最漂亮的。所有的小猫出生的时候
都是直耳的，直到3周后才开始变为折耳。折耳与折耳繁育而导致一
个共同的问题：一条粗短的尾巴，这会在4~6个月大的时候显现出来。
所以，必须要仔细检查其尾巴，还必须要温柔地检查。

蓝烟白色
这种猫的赛展标准比较简单：
耳朵不能完全紧贴脑袋，而脸
上必须表现出虎纹图案而不是
一整体均匀的蓝色。

品种历史　这些有着折叠成下
垂耳朵的猫有记载的历史已经长
达两个多世纪了。然而，所有的
苏格兰折耳猫都得追溯到1961年
出生在苏格兰的一只农场猫——
Susie。两位基因学家Pat Turner
和Peter Dyte查阅了这个品种的
早期发展资料，发现Susie带有
隔代遗传的长毛基因（在第二代
表现出短毛的特征，而在第三代
出现长毛）。折耳猫的数量本来
就很少，而由于缺乏任何长毛异
型杂交，使得长毛的苏格兰折
耳猫就更加罕见。

品种毛色
包括重点色、深褐色及水貂色
在内的所有有色毛色和图案

哮度褐　　红宝石

淡青色　　白色

漂亮的圆脑
袋，有着丰
腴的脸颊和
胡须垫

松软的被毛，中等偏
长，不会紧贴身体

品种历史
一个品种从"发迹"到被注
册机构承认的历程

品种颜色
已获注册机构认可的毛色为正体
字，而其余颜色用斜体

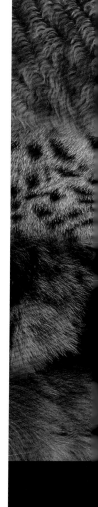

品种的各项描述

　　每个品种的图表都包含了对这个品种外观和性格的描述。虽然有些纯种猫在外观上是高度一致的，但它们的性格也可能会有很大的差异，这很大程度上是取决于猫咪自身的生活经历。品种历史则描绘了一个品种的血统，以及它们是如何被注册机构所认可的。有些品种的历史可能会很清晰，而对于另一些猫而言可能就没那么幸运了：一些老品种可能会和浪漫传说联系在一起；至于一些新品种的准确起源，那根本就是一场争论。展会猫所要求的标准细节都会包含在注释里。

品种的标志

这个图表中的个性细节都是通过发往培育者或培育俱乐部的问卷来进行搜集的。他们只提供一个总体的倾向性或可能性，并不一定每只猫都是这样的。比如，你也可能会发现一些十分安静的暹罗猫。

几乎不需　　一般梳理　　每日梳理
要怎么梳理

安静　　　　话很多

喜爱　　　喜爱　　　活泼的　　沉默寡
清静的　　"交际活动"　　　　　　言的

不确定的情况

在大多数协会中，诞生在这样的一窝东方短毛猫里的重点色小猫都会被注册为暹罗猫，但 CFA 只会认为这些小猫是"一些变种的"东方猫，而不会授予它们任何"头衔"。

国际性差异

并不是所有的注册机构都一定会承认同一个品种，或者是每个品种中的同一种毛色及图案。同一个品种在不同的国家完全有可能长成完全不同的长相。例如，在英国及欧洲大陆被认可的一些毛色的暹罗猫，在北美的 CFA 就被列为独立的品种。关于被主流注册机构（英国的 GCCF、欧洲的 FIFé、北美和日本的 CFA）所接受的毛色信息，都将用正体字列出来；而更多出现而未被接受，或是可能被其他主要注册机构接受的毛色，则会用斜体字标明。

关于长毛猫的介绍

从遗传上来看，所有的长毛猫都是由于隐性等位基因的缘故，才使得它们的毛要比它们野猫祖先们的毛长了很多（见 362 页）。一些资料显示，家猫的长毛基因是由西藏的野生兔狲 (Pallas's cat) 引入的，只是从中发生了基因突变。当然，也并没有证据能证明这就一定是长毛的来源。尽管无法确定长毛猫的准确来源，不过它们应该自然产生于几个世纪前的中亚地区，而其中的一些到达了欧洲。法国专家 Fernand Mery 博士认为，一些品种大约是在 1550 年被带到了意大利。欧洲

挪威森林猫

（Norwegian Forest Cat）

生长在高寒地区的品种（如挪威森林猫或缅因浣熊猫），从它们的毛发就能看出它们的起源。它们需要有防水的顶层被毛和厚厚的保温的底层被毛。

早期的长毛猫都是被叫做俄罗斯猫、法国猫或者中国猫什么的。这些名字就一直沿用了差不多三个世纪，直到它们被正式分类认定。1871 年的伦敦水晶宫猫展后，波斯猫（也叫长毛猫和安哥拉猫，见 16 页）的标准出台了。有些长毛品种就是将长毛的基因引入短毛猫的结果，比如蒂法尼猫（见 116 页）和奈贝长毛猫（见 96 页）。

索马里猫（Somali）

起初只是一个偶然的机会，一只长毛的小猫出现在了阿比西尼亚猫（Abyssinian）的窝里，很多年后人们才开始尝试将它们培养成独立的品种。索马里猫现在已成为在北美极受欢迎的品种了。

波斯猫（Persian）

　　波斯猫又称作长毛猫，这种家居的猫是一个懒洋洋的旁观者，也是女士们的最爱。在兽医们的观察统计中发现，波斯猫恐怕是最安静、最不活跃的猫了，并且它们还十分欢迎别的猫来窝里做客。不过，这可并不代表它们就是完全懒惰和顺从的。在英国和欧洲大陆，纯种猫经常喜欢往外跑，而波斯猫则会守卫它们自己的领地，并极其轻松地解决掉它们的猎物，这有些让人吃惊，可能人们都被它们那张短脸迷惑住了。波斯猫的毛需要每天护理，并经常要请兽医将粘住的被毛修剪掉。这种猫常见的问题主要有多囊肾 (Polycystic Kidney Disease) 和相对高发的隐睾 (Retained Testicle)。

圆圆的大眼睛,分得很开

耳朵很小,圆耳尖,位置较低

鼻子很短且宽,有明确的鼻吻端

脖子粗短,很健壮

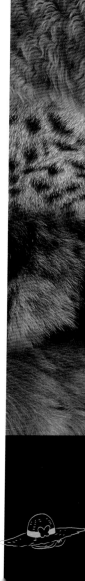

纯蓝色

缩短的脸部会导致一些健康问题,但这也给了波斯猫一个婴儿般的长相,让它们更吸引人。在英国,只有纯色的个体才能被称作波斯猫。蓝色是最古老的毛色之一,出现于1871年的首次猫展上,随后就一直保持流行了。适度的淡蓝色被毛和深橙色或红铜色的眼睛都是必须的条件。任何渐变色、白色毛发或者斑纹都会受到处罚。

品种毛色

纯色与玳瑁色
黑色、巧克力色、纯红色、蓝色、
淡紫色、奶油色、玳瑁色、巧克力
玳瑁色、蓝奶油色、淡紫奶油色、
白色（蓝眼睛、橙眼睛、鸳鸯眼）

烟色
除没有白色以外，其他同纯色
与玳瑁色

渐变色
渐变银色（绿眼睛）、黄铜
色（橙眼睛）、红渐变玛
瑙色、金色、奶油渐变玛
瑙色、玳瑁玛瑙色、蓝奶
油玛瑙色
其他纯色和玳瑁色

毛尖色
金吉拉、红贝壳玛瑙色、奶油贝
壳玛瑙色、玳瑁玛瑙色、蓝奶油
玛瑙色
其他纯色和玳瑁色

虎斑纹（只有经典的）
啡色、巧克力色、红色、蓝色、淡
紫色、玳瑁色、巧克力玳瑁色、蓝
玳瑁色、淡紫玳瑁色
奶油色及其他虎斑纹图案

银虎斑（只有经典的）
银色
其他虎斑色、其他虎斑图案

双色（标准和梵色）
均允许纯色、玳瑁色及有白色的虎
斑色
所有的纯色、玳瑁色、烟色、渐变色，
还有毛尖色；带白色的银虎斑

红白色

最初，双色猫只有黑色、蓝色、红色和奶
油双色是被认可的。这种红白色的猫带有
对称纹路，并不是标准所规定的。

尾巴短而丰满，但
和身体很协调

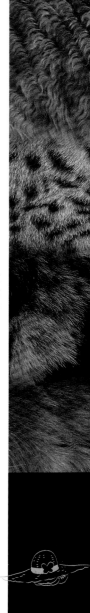

银色渐变

虽然曾与毛尖色的金吉拉被归为一类，更暗的银色渐变的波斯猫则被独立评判。就像几乎所有的银色波斯猫，它们都有绿色的眼睛。

身体很短，
十分健壮

被毛又厚又长，
但并不像羊毛那
样柔软

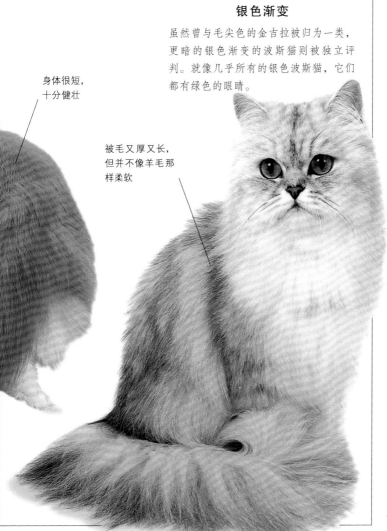

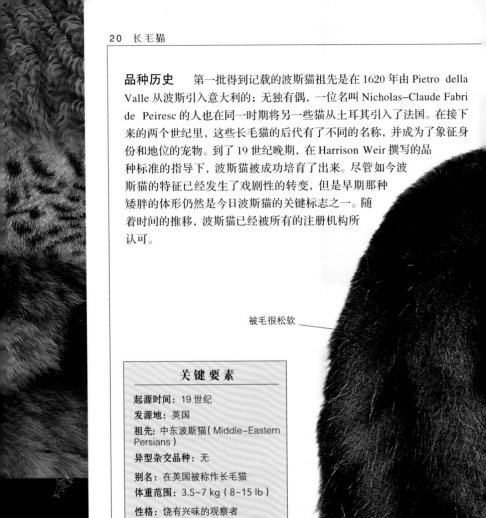

品种历史   第一批得到记载的波斯猫祖先是在 1620 年由 Pietro della Valle 从波斯引入意大利的；无独有偶，一位名叫 Nicholas–Claude Fabri de Peiresc 的人也在同一时期将另一些猫从土耳其引入了法国。在接下来的两个世纪里，这些长毛猫的后代有了不同的名称，并成为了象征身份和地位的宠物。到了 19 世纪晚期，在 Harrison Weir 撰写的品种标准的指导下，波斯猫被成功培育了出来。尽管如今波斯猫的特征已经发生了戏剧性的转变，但是早期那种矮胖的体形仍然是今日波斯猫的关键标志之一。随着时间的推移，波斯猫已经被所有的注册机构所认可。

被毛很松软

关键要素

起源时间： 19 世纪

发源地： 英国

祖先： 中东波斯猫 (Middle–Eastern Persians)

异型杂交品种： 无

别名： 在英国被称作长毛猫

体重范围： 3.5~7 kg (8~15 lb)

性格： 饶有兴味的观察者

棕色经典斑纹

尽管现在一些北美的组织已经接纳了其他的毛色，但对波斯猫而言，经典斑纹仍是传统的图案。棕色作为实质上的自然斑纹色，其实也是斑纹原本的颜色。

脖子粗短而结实

波斯猫的新毛色

最初，只有有限的一些毛色才被认可为波斯猫，而现在大量不同毛色的波斯猫正不断被培育出来。不仅如此，在20世纪得以发展的并不只有颜色，还有被毛、体形、甚至还有脸形（这个变化倒是有些戏剧化）。早先的波斯猫脸很短，但是并不平，也不像现在那么五官紧凑。不过，就在欧洲培育者们仍热衷于选择有着中性化鼻子的波斯猫时，美国的培育者和猫展评委们却已经更喜欢那些有着更为扁平、"出位"面孔的家伙了。这在一些有着"北京犬面孔"的波斯猫身上达到了顶峰。不过，由于代价是鼻孔和泪腺变窄，这种外观也就不再流行了。

金色波斯猫

有着杏仁色底子、深毛尖色的波斯猫看起来就像是金色版的渐变银色猫。在美国，有两个种类——渐变色的和金吉拉；而在英国只有前者是被承认的。关于毛色的基因问题仍在争论之中。

红铜色的眼睛

颜色分布很
均匀

毛茸茸的长尾巴

奶油贝壳玛瑙色

在波斯猫的历史中，金吉拉和渐变银色很早就获
得了承认，但其他毛尖色的波斯猫直到"二战"
后才真正开始发展。这种奶油贝壳玛瑙色的波斯
猫其实是奶油色的金吉拉，有着暖色调的毛尖色
毛发和深邃机灵的红铜色眼睛。

又厚又长的被毛

色彩很柔和

蓝奶油色

尽管这种颜色从品种出现之初就已经存在
了，不过直到 1930 年才被正式承认。这主
要是因为这种毛色的遗传学原理还未被弄
清楚，而蓝奶油色的毛只是在十分偶然的
情况下才会产生。

奶油色的尾巴

奶油渐变玛瑙色

作为红色渐变玛瑙色的浅色版本，就意味着拥有更浅的毛色。在英国，只有红色、奶油色、玳瑁色以及蓝奶油渐变玛瑙色是被认可的，因为最初就是从玳瑁色的猫开始培育的。至于渐变银色和白鑞色，它们各自有自己不同的祖先。

被毛有着均匀的渐变色

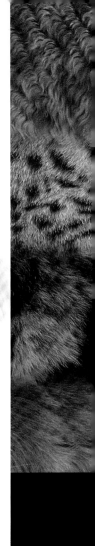

小耳朵，圆圆的耳尖，在头部的位置比较低

巧克力和白色

玳瑁与白色相间的波斯猫直到20世纪50年代才被承认，而其他颜色则是在60年代才被认可。1971年，带有斑纹和1/3~1/2白色毛发的猫也得到了标准的认可，这个转变极大地推进了这种猫的普及性。现在，所有的毛色和图案都得到了标准和Van distribution的承认。

下半身有斑点

圆圆的大脚爪，有着
完美的绒毛

尾巴上的色彩最多

红色渐变玛瑙色

抑制因子基因从一开始就存在于波
斯猫的体内，但玛瑙色出现得相对
较晚。直到20世纪50年代，玛瑙
色才在美国的一项培育计划中被培
养出来，到60年代获得CFA的认可。
随即，它们在全球建立起了根基。
1962年，它们开始在欧洲培育。

喜玛拉雅波斯猫
(Himalayan Persian)

　　这可能是第一种有计划地由两个品种杂交而来的猫，也是第一个被正式认可的由重点色暹罗猫（见280页）"出口"而来的波斯猫。它们同时拥有着波斯猫的奢华被毛和暹罗猫的异国色彩花式，只是它们眼睛的颜色没有暹罗猫那么深。

海豹重点色

成熟的喜玛拉雅波斯猫的面具会覆盖整个面部，但是不会延伸到头部的其他地方。雄性的面具要比雌性更大。

体形偏大，腿不是很长

品种毛色

纯色和玳瑁重点色
蓝色、巧克力色、奶油色、淡紫色、红色、海豹色、蓝奶油色、巧克力玳瑁色、淡紫奶油色、海豹玳瑁色

斑纹重点色
毛色同纯色与玳瑁重点色

奶油斑纹重点色　　红重点色

蓝重点色　　海豹斑纹重点色

在年长一些的猫身上，渐变会更明显一些

巧克力重点色

这种颜色的猫将棕色的重点色结合到了象牙白的身体上，让色调和色浓度都看起来很协调。

耳朵很小，耳尖是圆的，两耳距离适中

关键要素

起源时间： 20 世纪 50 年代

发源地： 英国和美国

祖先： 波斯猫、暹罗猫

异型杂交品种： 波斯猫

别名： 在英国被称作色点长毛猫

体重范围： 3.5~7 kg(8~15 lb)

性格： 镇静、友好

四条短粗的腿，很
强壮

丝一般的被毛又厚又长，
但没有羊毛的感觉

奶油重点色小猫

与重点色的短毛猫相比，所有颜
色的重点色长毛猫成熟时间都较
长。而像奶油重点色这类浅色的
重点色猫，完全成熟的时间则要
比深色的更长。

身上的图案有着均匀
的重点色和最小的渐
变效果

在肩膀和胸
部有波形的
褶痕

淡紫重点色

这种毛色的猫有着暖调的淡紫重
点色和木兰白的身体。重点色长毛
猫都是和其他品种的长毛猫杂交的。
因为重点色基因都是隐性的，这样交配而
来的后代就会带有潜在的基因，可以生出
重点色的小猫。带有重点色基因的猫在形
态上和其他的波斯猫不会有什么差异。

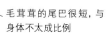

毛茸茸的尾巴很短，与身体不太成比例

品种历史　最早关于暹罗猫和波斯猫杂交的试验始于 20 世纪 20 年代的欧洲，那时在欧洲大陆出现了一种叫做"高棉(Khmer)"的猫，到了 50 年代就"消亡"了，也有人说伯曼猫（见 34 页）也是诞生于这些实验。20 世纪 30 年代，美国的基因学家为了研究遗传特性，将一只黑色波斯猫和一只暹罗猫进行杂交。第一代的猫都是全黑色的长毛猫，但在回交（将杂交种的第一代与原种交配）后，却"制造"出了有重点色的波斯猫，这也就是后来的喜玛拉雅波斯猫，和喜玛拉雅兔身上出现的重点色一模一样。英国在 1955 年承认了色点波斯猫，而在欧洲大陆，高棉猫也顺应更名。由于 50 年代北美对喜玛拉雅波斯猫的浓厚兴趣，全世界的主要注册机构都于 1961 年前承认了这种猫。

伯曼猫（Birman）

　　这种极其有名的猫不仅有着自己神秘的历史，还有着结实的身体、"踏雪"的脚丫以及蓝色的大眼睛。尽管它们丝一样的毛发并不像波斯猫那样厚实，也不容易粘在一起，但仍然需要每天梳理。在20世纪40年代，这种猫几乎要灭绝了，好在法国还剩下一对。这些猫与其他猫的杂交延续了这个品种。不仅如此，这种方式还扩大了基因库，并引入了多种重点色。由于所有的猫的基因库都很小，近亲交配就会带来很多遗传问题（hereditary problems）。幸运的是，这种猫身上的麻烦仅限于湿疹和神经失调。

轮廓

看看这只红重点色猫，伯曼猫的轮廓看上去显得很强壮，有些轻微的倾斜，但是没有明确的鼻吻端。下巴从鼻子开始有些变尖，但是也并不是短下巴。

脸

从这只蓝重点色猫可以看出，它有一张完满的面具，从鼻子延伸到前额，连着两只耳朵。整个面具都是均匀浓密的纯色，而且鼻尖的皮肤应该也要和毛色吻合。

品种毛色

纯色和玳瑁重点色
海豹色、巧克力色、红色、蓝色、淡紫色、奶油色、海豹玳瑁色、巧克力玳瑁色、蓝玳瑁色、淡紫玳瑁色

斑纹重点色
毛色同纯色和玳瑁重点色

海豹玳瑁斑纹　　巧克力色

海豹重点色

这些颜色的猫可以称得上是传统经典的伯曼猫了：脚上有白色的"手套"，金色的身体上是深棕色的重点色块，还有一双蓝色的眼睛。长久以来，只有海豹色及其浅色的蓝色形态可以被接受。

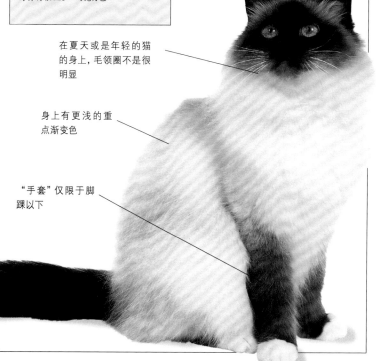

在夏天或是年轻的猫的身上，毛领圈不是很明显

身上有更浅的重点渐变色

"手套"仅限于脚踝以下

淡紫重点色

与巧克力色一样，它也是最先被接受的"新"毛色之一。重点色部分必须是粉色偏灰的，以配合鼻子上的肤色，而身体则是暖木兰色。

身体很长且很强壮

品种历史　根据传说，伯曼猫是一群仰光寺院猫的后代，它来自一只名叫 Sita 的怀孕母猫（由 August Pavie 于 1919 年带到法国）。神话将伯曼猫和一只叫做 Sinh 的白猫联系在了一起，传说那只白猫住在一座供奉 Tsun–Kyan–Kse 女神（有着蓝宝石眼睛的金色女神）的寺院里。当寺庙遭到攻击的时候，Sinh 霎时披上了女神的色彩，激励着僧侣们击退了敌人。这种猫起源于缅甸，并有可能是暹罗猫（见 280 页）的远亲，毕竟它们看上去有着极为相似的图案。不过，也有一个不怎么浪漫的说法认为：伯曼猫是法国培育者们在创造喜玛拉雅波斯猫（见 28 页）的同时培育出来的。

蓝虎斑重点色

虎斑图案很早就加入了伯曼猫的重点色范围，而现在它们在各种毛色里都会出现。虎斑重点色应该表现出清晰的纹路、更明快的感觉、带斑纹的脸颊、条纹的腿以及环状纹的尾巴。

耳朵不大也不小，不偏也不倚

宽阔的头部比较圆，有着饱满的脸颊和强壮的下巴

年轻的猫有着不完整的面具

深蓝色的
圆眼睛

关键要素

起源时间: 未知

发源地: 缅甸或法国

祖先: 有争议

异型杂交品种: 无

别名: 缅甸圣猫 (Sacred Cat of Burma)

体重范围: 4.5~8 kg(10~18 lb)

性格: 友好而又内向

海豹玳瑁重点色

想要得到一个好的玳
瑁重点色猫也许是件很困
难的事情,因为尽管那些图案
不一定要完全均匀,而且脸上也不
一定有白斑,但每一块重点色都必
须表现出几种颜色的完美混合,而
遍布全身的浅渐变色也必须有轻微
的不均匀分布。

奶油重点色

与红色重点色同为最近新增到伯曼猫中的
颜色。这是一种年轻的猫，它们成熟时面
具会覆盖整个面部。在这两种颜色的猫身
上出现虎斑纹并不是什么严重的错误。

面具覆盖
整个面部

尾巴应该很饱满，
色彩均匀

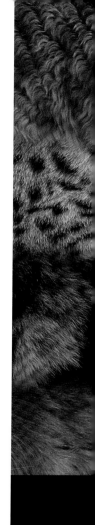

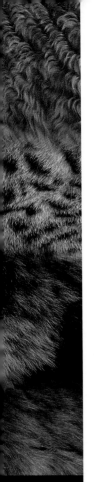

布偶猫（Ragdoll）

　　以出了名的好脾气为人所熟知的布偶猫，其实是一只重得惊人的大猫。它们有着质地柔软的中长毛发，而且不像波斯猫那样容易粘起来。布偶猫本来是重点色猫，但是在出生的时候是白色的，随后的两年里会渐渐生出颜色和花纹。尽管布偶猫肌肉发达，而且和其他猫相比有体重优势，但它们却十分温顺。布偶猫很乐意接受训练，当然还有奖赏；可以引导它们使用猫抓柱（板）。

蓝色手套

在布偶猫的祖先中有一些是伯曼猫，它们的被毛图案得以延续了下来。有些人对戴手套的布偶猫甚至对整个品种都有抵触，他们觉得这完全就是伯曼猫的翻版。

不大不小的脑袋上
有着饱满的脸颊和
圆圆的胡须垫

布偶猫的头部

从轮廓上看，面部的大小适中，
鼻端位置应有柔和的折线出现。
这只海豹色手套猫有着一个带
白斑的窄鼻子，这在这个被毛
图案中是允许的。

品 种 毛 色

重点色的
海豹色、巧克力色、蓝色、淡紫色
戴手套的
同重点色的猫
双色
同重点色的猫

巧克力双色　　淡紫重点色　　巧克力重点色

海豹双色

标准要求白色区域必须从脸上的倒 V 字形开始，完全覆盖从下巴到尾根的整个身体下部区域。前腿必须是全白的，后腿的下半部也必须为白色。

品种历史　尽管布偶猫是一个新品种，它们的历史渊源却始终很不明朗。20 世纪 60 年代，加利福尼亚的培育者 Ann Baker 培育出了最早的布偶猫，它们的父亲是一只名叫 Warbucks 的雄性伯曼猫，而母亲则是叫做 Josephine 的白色非纯种长毛猫。她说布偶猫被抱起来的时候就会全身"绵软"。随后 Ann Baker 成立了一个品种协会，但那时的布偶猫还没有得到其他协会的承认。此后，又有许多人培养出了布偶猫，这才创造了今天被各大主流协会承认的布偶猫品种。布偶猫的成功，应该归功于人们对安静的室内猫的需要。如今，一些相似的品种正陆续被培养出来，并且都有一个温馨的名字。

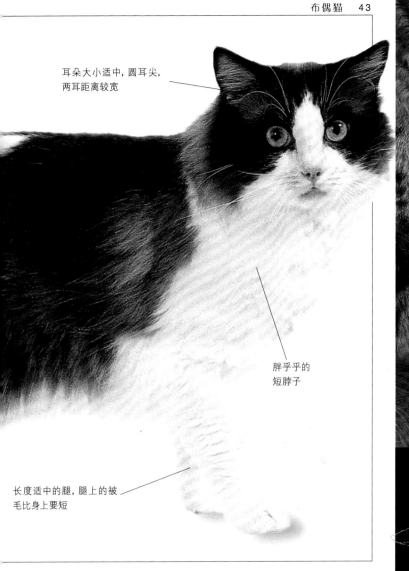

耳朵大小适中，圆耳尖，
两耳距离较宽

胖乎乎的
短脖子

长度适中的腿，腿上的被
毛比身上要短

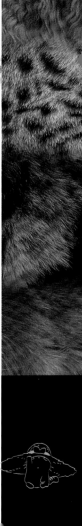

关 键 要 素

起源时间：20 世纪 60 年代

发源地：美国

祖先：不明

异型杂交品种：无

别名：无

体重范围：4.5~9 kg(10~20 lb)

性格：温和而又悠闲

身体很长而且很健壮，有着宽阔的胸部

被毛平滑地浮在体表

圆圆的大脚爪上有着绒毛

中等长度的被毛显得丝亮而又浓密

海豹重点色

在布偶猫里，海豹色及较浅的蓝色是最常见的颜色。人们已经证实巧克力色和淡紫色的布偶猫是很难得到的，培育者们相信它们的基因库里一定还带有别的毛色。布偶猫身上的毛色可能会比其他重点色的品种要来得更深一些。

缅因浣熊猫（Maine Coon）

强壮、安静，并且无论看起来还是摸上去都很华贵的缅因猫近来成为了极有人气的伴侣猫。到了冬天，厚重有光泽的毛发显得最为奢华，这时的缅因猫也是看起来最漂亮的时候。这种猫有一个区别于其他任何品种的重要特征：它们经常会发出欢快的鸟一般的唧唧声，用来和它们的人类或是猫科家人打招呼。尽管它们乐于陪伴人们，但仍然是种很独立的猫，喜欢我行我素，有不少自己的行为方式。从不少主人的反应来看，这些行为方式中还包含游泳。雌性的缅因猫要比雄性更为尊贵，而雄性则显得有些傻乎乎的。不过，没有一只缅因猫会成为你的膝上小猫，它们可以是你的朋友，但不会成为你的小宝贝。

缅因猫的脸部

对于缅因猫长相的偏好，尤其是耳朵的大小和位置，会因不同的品种协会而有所区别。一般而言，它们的眼睛应该是绿色、金色或是红铜色的；白色猫还允许有蓝色或是鸳鸯眼。

品种毛色

纯色和玳瑁色
黑色、蓝色、奶油色、红色、玳瑁色、蓝玳瑁色、白色（蓝眼睛、绿眼睛、鸳鸯眼、橙眼睛）

烟色和渐变色
除了没有白色以外，毛色同纯色和玳瑁色

斑纹（经典、鲭鱼纹）
啡色、红色、蓝色、奶油色、玳瑁色、蓝玳瑁色

银虎斑
毛色同标准斑纹

双色
所有带白色的纯色、玳瑁色及斑纹色

奶油渐变色　　黑烟色

经典啡虎斑　　蓝银色斑纹

黑色

传统上，缅因浣熊猫都是与虎斑纹联系在一起的，但纯色也同样广受欢迎。深色能够表现出被毛有光泽的质感。

雄性的脖子很粗

笔直的大耳朵，
高高竖在脑袋上

圆圆的眼睛稍微有
些倾斜

背部很长

中等偏大的身
体，肌肉很结实

玳瑁虎斑纹色

说起缅因浣熊猫，人们想到的就是一种毛发粗浓的大虎斑猫，这种印象可谓根深蒂固，以至于只要有这样的外观描述，就会立即被不假思索地认定为缅因猫。其实，真正的缅因猫有着严格的标准，只有通过精心的培育，才能持续地培养出丰富的毛色。关于缅因浣熊猫的体形也一直是一个有争议的话题，而培育们声称的"15 kg(33 lb)"的体重也缺乏足够依据。

品种历史　　缅因浣熊猫久远的历史已无从得知。我们只知道它们的祖先可能包括随英国殖民者来到欧洲的英国猫，以及美国缅因州港口里的船上下来的俄罗斯或斯堪的纳维亚长毛猫。新英格兰严酷的冬天使它们不得不披上浓密的被毛，并发展出足够的体形来捕猎野兔。"第一只"缅因猫是一只叫做"骑马水兵团的扫把星上尉 (Captain Jenks of the Horse Marine)"的黑白色猫，在 1861 年的波士顿和纽约猫展上，这只猫吸引了人们的注意力，从此缅因猫一炮走红，开始越来越受欢迎。但在 20 世纪来临的时候，缅因猫将自己的地位拱手让给了身披奢华被毛的波斯猫。好在农夫们看上了它们出色的捕猎能力，使得这个品种得以繁衍下来。到了 20 世纪 50 年代，人们重新将目光投向缅因浣熊猫，并在 80 年代达到了一个新的高峰。现在，这已经是全世界最受欢迎的品种之一了。

尾巴很长，
有着平滑的被毛

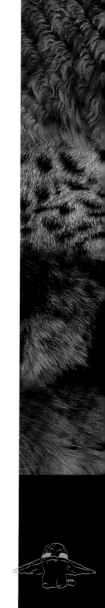

头部微微有些长

红色经典虎斑纹

在缅因猫中，为了维持它们的传统形象，只有条状或者块状虎斑纹才是被认可的。红色猫必须要呈现出漂亮的赤褐色，才能使它们和一般随机繁殖猫的那种姜色区别开。

被毛长而光亮

棕色鲭鱼纹和白色

最初，只有棕色虎斑才能被命名为缅因浣熊猫：因为它们庞大的体形和巨大尾巴配上那种被毛，使它们看上去就像是浣熊。所以，早些年里，其他颜色和图案的缅因猫只能被统称为缅因粗毛猫。

关键要素

起源时间：19 世纪 60 年代

发源地：美国

祖先：农场猫

异型杂交品种：无

别名：缅因粗毛猫 (Maine Shag)

体重范围：4~10 kg(9~22 lb)

性格：温柔的巨猫

缅因猫变种
（Maine Coon Variations）

缅因猫被毛的构造无疑是属于农场猫的。尽管有着又长又厚的被毛，令人吃惊的是毛发几乎不用怎么护理，并且由于它们的毛发是防水的，所以甚至不需要频繁清洗。然而，有一些颜色也给培育者们带来了问题：有人认为波斯猫在这里被用来为缅因猫引入烟色和银色。不过看上去这不太可能，因为在北美，有很多与波斯猫一点关系都没有的草猫也携带着具有这些颜色的关键基因。在英国，同样允许的色彩范围包括纯色、烟色、渐变色、斑纹和银斑纹被毛，而在北美则要复杂得多。

蓝白色小猫

显然，这种猫从幼年起就有着结实的身体。缅因猫在身体的成熟方面会有一定的不可预测性，因为有些出色的典型个体只有在完全成年后才会像这只小猫一样。

白色鸳鸯眼

在所有的品种中，白色的猫容易受到耳聋的困扰，尤其在白色蓝眼睛和鸳鸯眼的猫身上最为突出。不过，一些培育者声称有些"戴帽子"（头上有深色毛发）的小猫不容易患耳聋，并且可以用来继续培育不容易得耳聋的戴帽子的猫。

长长的背部

英式长相

这种银虎斑是 GCCF 喜欢的那种缅因浣熊猫的典型之一。宽阔的脸、椭圆的眼睛，头上顶着两个不大不小的耳朵。它们的身体和腿都很结实，给人感觉似乎无论在哪里它们都能挺得住。

方正的吻部

竖直的大耳朵

圆眼睛

雄性的脖子很粗

另一种长相

这种银虎斑的长相则显示出了 TICA
对缅因浣熊猫的趣味。与英式长相
的猫相比，这种猫的脸更趋向三角
形一些；耳朵则更长，位置更高，
眼睛也更圆。

毛发平滑的长尾巴

缅因波浪

这些有争议的猫是正宗完全纯种的缅因浣熊猫，只是突变为了卷毛猫。这种突变曾被认为是致命的，不过从这些不同的猫来看，似乎它们不仅安然无恙，还十分健康地被培育出来。由于它们的被毛中缺少直针毛，所以完全不像是典型的缅因猫被毛。结果，这种猫似乎从未作为缅因猫的一种而被接纳。由于这种突变是隐性的，所以它们看上去不太容易完全消失。

被毛长而光亮

圆圆的眼睛微微倾斜

毛茸茸的圆脚爪

红色渐变虎斑

只有在底色和暗条纹中都有红色调的猫才是比较好的红虎斑。尽管抑制因子基因去除了底色，但作为一只有色的猫，条纹还是必须显示出明显的赤褐色。

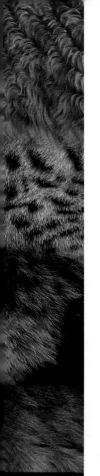

挪威森林猫
（Norwegian Forest Cat）

对陌生人沉默而又冷淡，对认识的人镇静而且信任，挪威森林猫与缅因浣熊猫（见46页）和西伯利亚森林猫（见64页）有着相同的特性。较大的体形和长长的后腿给了挪威森林猫威风的外表。挪威的培育者们喜欢将这些"自然的猫"想象为他们的小山猫。虽然只是一只家猫，它们还是会不遗余力地捍卫自己的领地。它们是一流的攀爬者和猎手，一些住在小河边的主人甚至说，它们的挪威森林猫会抓鱼。

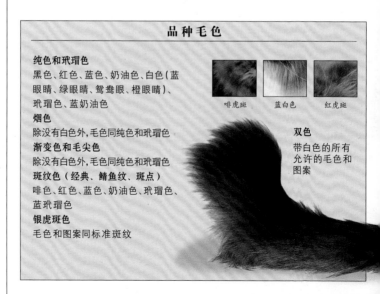

品种毛色

纯色和玳瑁色
黑色、红色、蓝色、奶油色、白色（蓝眼睛、绿眼睛、鸳鸯眼、橙眼睛）、玳瑁色、蓝奶油色

烟色
除没有白色外，毛色同纯色和玳瑁色

渐变色和毛尖色
除没有白色外，毛色同纯色和玳瑁色

斑纹色（经典、鲭鱼纹、斑点）
啡色、红色、蓝色、奶油色、玳瑁色、蓝玳瑁色

银虎斑色
毛色和图案同标准斑纹

啡虎斑　　蓝白色　　红虎斑

双色
带白色的所有允许的毛色和图案

银虎斑

挪威森林猫的品种标准要求从长相就能看出它们的农场猫的风格。它们最重要的特征就是类型和毛质，而在评分体系中，是不会有关于毛色的加分的。

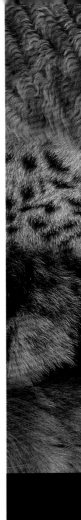

黑烟色和白色

挪威森林猫应该总是保持优雅的仪态。尽管它们体形很大，并且很健壮，但体态不应有矮胖臃肿的感觉。它们的脸部应该呈现三角形，并且给人以警觉的印象，而不是那种"甜甜的"圆脸。

巨大的身体里是结实的骨架和良好的肌肉

品种历史　早在公元 1000 年前后，这种猫就沿着维京人和东拜占庭的贸易路线进入了挪威。由于挪威森林猫同土耳其的猫有着相同的被毛颜色，而这些毛色在欧洲其他地方十分罕见，因此，这点就成为了证明挪威森林猫是直接从拜占廷来到挪威的有力证据之一。斯堪的纳维亚严酷的冬天筛选出的这些长毛大猫，渐渐受到了农民的欢迎。有计划地繁育挪威森林猫始于 20 世纪 70 年代；直到 1979 年和 80 年代后，它们才分别进入了美国和英国。

银虎斑和白色

对于绝大多数的猫而言，由于赤褐色基因的关系，它们的被毛往往会轻微发黄或者发暗，这在银虎斑身上尤为明显。尽管在很多品种身上，这会被视为一种瑕疵，但是在挪威森林猫身上不会。

黑色

到了冬天，这种挪威森林猫就会穿上一层厚厚的黑色被毛。在北欧神话中，它们被看作是一种好斗的猫。由于眼睛的颜色和毛色无关，所以纯黑色猫的眼睛很有可能闪烁着金色或者绿色（就像童话里女巫的猫一样）的光芒。黑色的被毛在阳光下会呈现出一些铁锈色。

腿很长，但不纤细

关键要素

起源时间: 20 世纪 30 年代

发源地: 挪威

祖先: 农场猫

异型杂交品种: 无

别名: Skogkatt、Skaukatt 或 Wegie

体重范围: 3~9 kg(7~20 lb)

性格: 内向、顺从

蓝虎斑和白色

　　虎斑和双色是起源于挪威森林猫的随机繁殖猫中最常见的颜色。虎斑还是双色占优显示出这只猫遗传自什么品种。

头部呈三角形,有着长直的轮廓和强壮的下巴

毛发茂盛的长尾巴和身体一样长

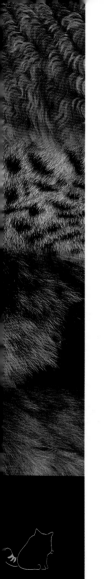

西伯利亚森林 (Siberian)

　　以严寒而著称的西伯利亚是这种猫的家乡，这不仅需要它们有较大的体形和健壮的体格，还需要它们有一身能够起到保护作用的厚实毛发。要想确切了解西伯利亚森林猫的古老祖先，恐怕已经是"不可能的任务"了，不过我们可以确定的是西伯利亚森林猫是被它们的生活环境完美造就的品种，就像挪威森林猫一样（见 58 页）。这种猫的任何一个方面，都是为了在严酷的条件下生存而磨炼出来的。它们的顶层被毛结实、丰富并且油亮；底层被毛致密，足够抵挡刀锋一般的冷风。

棕色鲭鱼纹

与俄罗斯一些俱乐部的口味不同，在 TICA 的标准里，西伯利亚猫的脑袋并没有显得那么地"充满野性"。尽管它们的脑袋应该比较宽，但配上甜美的表情和一双圆圆的眼睛后，它们还是给人以圆头圆脑的感觉。在北美的西伯利亚猫有着中等偏大的耳朵。

椭圆形的大眼睛，微微有些吊梢

品种毛色

纯色和玳瑁色
黑色、红色、蓝色、奶油色、玳瑁色、蓝玳瑁色
所有其他纯色和玳瑁色

烟色、渐变色以及毛尖色
毛色同纯色和玳瑁色

斑纹色、银虎斑（经典、鲭鱼纹、斑点）
啡色、红色、蓝色、奶油色、玳瑁色、蓝玳瑁色
间色图案及其他所有纯色和玳瑁色

双色
带白色的所有允许的纯色、玳瑁色和斑纹色
所有带白色的纯色、玳瑁色和斑纹色

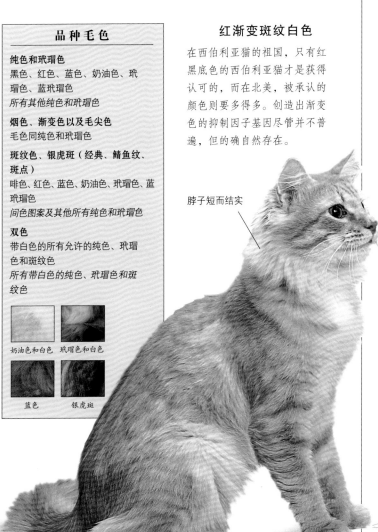

奶油色和白色　　玳瑁色和白色

蓝色　　　　　银虎斑

红渐变斑纹白色

在西伯利亚猫的祖国，只有红黑底色的西伯利亚猫才是获得认可的，而在北美，被承认的颜色则要多得多。创造出渐变色的抑制因子基因尽管并不普遍，但的确自然存在。

脖子短而结实

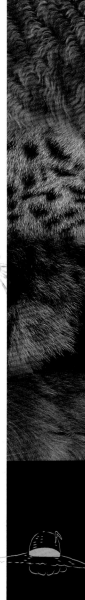

品种历史　　在俄罗斯北部的荒原地带，你能发现这些长毛的猫。就像许多自然品种的猫一样，西伯利亚森林猫一直没能引起人们的关注，直到最近一些年才有所改观。进入 20 世纪 80 年代，严肃地培育这个品种的标准开始建立，它们在自己祖国获得了更多注册机构的认可，其中包括"全俄猫俱乐部（All-Russia Cat Club）"。1990 年，在 Elizabeth Terrell 的努力下，西伯利亚森林猫被引入美国。在美国各大顶级纯种西伯利亚猫中，我们都不难发现她的猫舍名——"Starpoint"。在众多主流注册机构中，只有 TICA 承认西伯利亚森林猫。一些俄罗斯俱乐部生怕那些输出到西方的猫并不总是最好的。"TICA 脸"的西伯利亚森林猫与俄罗斯的西伯利亚森林猫并不完全一样，甚至可能会有两种完全不同的面貌。

玳瑁斑纹白色

和其他品种的猫一样，雌性的西伯利亚猫也要比雄性轻盈小巧一些。不过，无论哪种性别的西伯利亚猫，在站直的时候，你都会发现它们的后腿要比前腿长一些，而且它们的脊柱也有轻微的弯曲。

两耳间的头部
宽阔而又平坦

被毛很长, 顶层被毛
有些轻微的油脂

毛茸茸的
圆脚爪显
得较大

耳朵大小适中，
有着圆圆的耳尖，
耳廓角度朝外

关键要素

起源时间：20 世纪 80 年代

发源地：俄罗斯东部

祖先：家养和农场猫

异型杂交品种：无

别名：无

体重范围：4.5~9 kg（8~15 lb）

性格：敏感、机智

褐斑点纹白色

起初，西伯利亚猫里虎斑被毛的猫很多，但它们也生活在天敌很多的地方。尽管培育者们几乎都想要培育出更多纯色或者渐变色的西伯利亚森林猫，但各种图案中斑纹仍占了绝对优势。

粗尾巴长度适中，
有一个圆尾端

棕色经典斑纹

比起其他猫咪，西伯利亚森林猫的外表更容易让人想起野猫。它们的脸也很特别：宽宽的脸庞和微微吊梢的椭圆形眼睛给人以野性和东方式的气质。俄罗斯的俱乐部非常希望这种富有野性的外表能够得以保存。

长长的身体，肌肉发达而有力

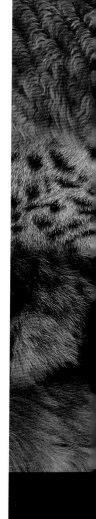

美国反耳猫（American Curl）

　　这个安静而又温顺的品种其实只是美国一种普通的家猫，但是它们的基因发生了突变：它们有着向后并向头部中间卷的耳朵。这个特征让它们有了一张像小精灵一般的脸，充满了惊奇。由于这个特点是显性的，所以一只美国反耳猫和另一只猫交配的时候会有 50% 的概率产生美国反耳猫。而除此以外的那些猫则会继续用于培育计划或者作为宠物出售。

品种毛色

纯色和玳瑁色

黑色、巧克力色、红色、蓝色、淡紫色、奶油色、白色、玳瑁色、蓝奶油色

所有其他纯色和玳瑁色

烟色

除白色和带巧克力玳瑁色的毛色外，同纯色和玳瑁色

所有其他纯色和玳瑁色

渐变色和毛尖色

渐变银色、渐变金色、渐变玛瑙色、渐变玳瑁色、金吉拉银色、金吉拉金色、贝壳玛瑙色、贝壳玳瑁色

所有其他纯色和玳瑁色

斑纹色（所有图案）

啡色、红色、蓝色、奶油色、啡补丁色、蓝补丁色

所有其他纯色和玳瑁色

银虎斑

银色、巧克力银色、玛瑙色、蓝银色、薰衣草银色、奶油银色、银补丁色

所有其他纯色和玳瑁色

双色（经典和梵色）

黑色、红色、蓝色、奶油色、玳瑁色、蓝奶油色以及所有带白色的斑纹色

所有其他纯色和玳瑁色

纯色和玳瑁重点色

海豹色、巧克力色、火焰色、蓝色、淡紫色、奶油色、玳瑁色、巧克力玳瑁色、蓝奶油色、淡紫奶油色

所有其他毛色、深褐色及水貂色图案

山猫（斑纹）重点色

除红色外，同纯色和玳瑁色

所有其他毛色、深褐及水貂色图案

耳朵指向脑后

被毛丝亮平滑，
底层被毛很少

玳瑁白色

这种图案在北美也
被称作三花(Calico)，
而且几乎无一例外
的都是雌性。一般
而言，反耳猫的品
种标准更倾向于雌
性，偏重的雌猫会
在比赛中输给健壮
的雄猫。

品种历史 想要获得一只猫，最容易的办法就是收养一只流浪猫，而这恰恰就是美国反耳猫的来源。1981 年，一只流浪的小猫出现在了加利福利亚 Lakeland 的 Grace 和 Joe Ruga 家附近。猫都是善于寻找好心人的。Grace Ruga 在门前给这个小家伙留了食物，而当这个小家伙吃了这些东西后，开始喜欢上了这个地方，并把这里当成了自己的新家。这是一只黑色的小母猫，有着丝滑的长毛和一双不寻常的耳朵。Joe Ruga 给它起了个名字，叫 "Shulamith"（《旧约·雅歌》中牧羊女的名字），意思是 "宁静的女孩"。所有的反耳猫都是 Shulamith 的后代。在那一年的 12 月，Shulamith 生了 4 只小猫，其中有两只有着相同的反耳。这些猫在 1983 年的加州猫展上得以展出，并获得了北美协会的完全承认。第一只反耳猫在 1995 年到达了英国，不过它们似乎没能被 GCCF 和 FIFé 接受。

半外来的体形，有着较为健壮的身体

海豹重点色

曾经只出现于单一品种的重点色图案，现在已经可以在各种猫的身上见到了。像反耳猫这样的新品种，通常都会有这个图案。较长一些的毛发一般会柔化重点色，并使之变浅。

圆圆的脑袋,
略呈楔形

胡桃形的眼睛
微微翘起

腿部长度适中,
有些弯曲

关键要素

起源时间: 1981 年

发源地: 美国

祖先: 美国家养猫

异型杂交品种: 非纯种家猫

别名: 无

体重范围: 3~5 kg(7~11 lb)

性格: 安静、亲切

曼基康猫（Munchkin）

无疑，曼基康猫是近年来出现的最为出众也最受争议的猫。对曼基康猫只有唯一的一个关键定义：腿骨很短。尽管其他骨头并没有受到什么影响，而且培育者们也声称短腿不会带来什么副作用，不过恐怕只有让时间来证明了。猫科动物那特有的灵活的脊柱可以使它们免于矮脚狗会有的那些背部和臀部的麻烦，但似乎除了它们以外的所有矮脚物种都有可能罹患关节炎。对于经常在户内活动的它们，短腿似乎并没有带来什么不利。

耳朵呈三角形，
并且比较大

脑袋大小适中,既
不是圆形也不是
楔形

眼睛和被毛的
颜色并没有太
大关联

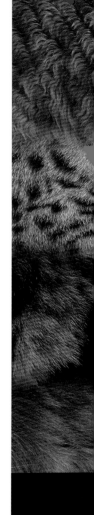

曼基康猫的头部

头部的形状介于近似的等边三角形和楔形之间。"适
中"和"比较"这类的词语在它们的品种标准中经常
出现。它们有可能被重新评价为:已经发展的品种。

黑白小猫

当小猫刚降生在猫窝里的时候,你就能分辨出哪
只是曼基康猫,而哪只不是。曼基康猫的拥护者
们一直认为,这种猫最有魅力的地方不是它们的
身体特征,而是它们的性格:据说即便在成年后,
它们仍保持着小猫的那种好奇心和滑稽动作。

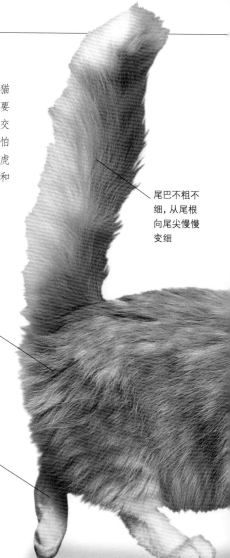

红白猫

所有毛色和图案的曼基康猫都是被认可的；当然，想要限制一种与随机繁殖猫杂交的品种的毛色和图案，恐怕也不是什么容易的事情。虎斑和双色要比东方渐变色和花纹更为常见。

尾巴不粗不细，从尾根向尾尖慢慢变细

中等的身体，有着笔直的脊柱（或从肩部到臀部微微拱起）

短而直的腿部，脚爪有些轻微的外八字

品种历史　侏儒个体存在于许多物种中，当然猫也不例外。曼基康猫始于 1983 年发生在美国路易斯安那州的一次基因突变。由于培育者们开始致力于将纯种猫与非纯种猫杂交，并研究突变，争议也就随着人气值不断上升。TICA 在 1995 年给予了曼基康猫"新品种"的头衔，然而这也是唯一一个承认这个品种的主流注册机构，并且标准也放得很宽。其他纯种猫的培育者们很害怕这个"侏儒版"的品种会和他们的品种混合起来。尽管对新奇事物的尝试有着无法抗拒的力量，而且一些培育者会选择坚持这样的道路，但这并不意味着 TICA 的注册会对其他已建立品种的侏儒化行为放行，TICA 的标准依然严格禁止任何纯种猫的异型杂交。

胡桃形的大眼睛，表情坦率

关键要素

起源时间： 20 世纪 80 年代

发源地： 美国

祖先： 家养猫

异型杂交品种： 非纯种猫

别名： 无

体重范围： 2.25~4 kg(5~9 lb)

性格： 好奇、爱撒娇

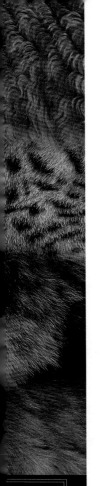

苏格兰折耳猫（Scottish Fold）

　　和它们的短毛亲戚（见 186 页）有着同样特别的耳朵，长毛的苏格兰折耳猫看上去雍容而又温暖。就和其他所有的长毛猫一样，它们在冬天的时候会炫耀起自己壮观的毛领圈、优雅的"短裙"以及巨大的毛茸茸的尾巴，这时的它们才是最漂亮的。所有的小猫出生的时候都是直耳的，直到 3 周后才开始变为折耳。折耳与折耳繁育而导致一个共同的问题：一条粗短的尾巴，这会在 4~6 个月大的时候显现出来。所以，必须要仔细检查其尾巴，还必须是温柔地检查。

品种历史　　这些有着折叠或下垂耳朵的猫有记载的历史已经长达两个多世纪了。然而，所有的苏格兰折耳猫都得追溯到 1961 年出生在苏格兰的一只农场猫——Susie。两位基因学家 Pat Turner 和 Peter Dyte 查阅了这个品种的早期发展资料，发现 Susie 带有隔代遗传的长毛基因（在第二代表现出短毛的特征，而在第三代出现长毛）。折耳猫的数量本来就很少，而由于缺乏任何长毛异型杂交，使得长毛版的苏格兰折耳猫就更加罕见。

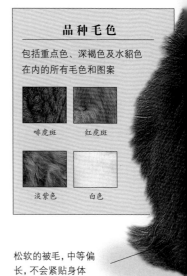

品种毛色

包括重点色、深褐色及水貂色在内的所有毛色和图案

啡虎斑　　　　红虎斑

淡紫色　　　　白色

松软的被毛，中等偏长，不会紧贴身体

蓝烟白色

这种猫的参展标准比较简单：耳朵不能完全紧贴脑袋，而脸上必须表现出斑纹图案而不是一整块均匀的蓝色。

漂亮的圆脑袋，有着显眼的脸颊和胡须垫

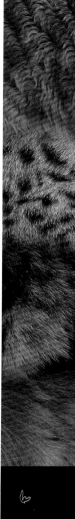

玳瑁斑纹白色

在 CFA，玳瑁色和虎斑纹的结合也被称作"补丁纹"(Patched Tabby)，而在 TICA 则被称作"Torbie"。这种斑纹图案应该表现出清晰的棕色和红色补丁，而在双色猫中，这种补丁纹应该更大、更清晰。眼睛是金色的，越明亮越好。

松软的被毛，不会贴在身上

关键要素

起源时间：1961 年

发源地：苏格兰

祖先：农场猫、英国短毛猫、美国短毛猫

异型杂交品种：英国短毛猫、美国短毛猫

别名：高地折耳猫 (Hightland Fold)

体重范围：2.4~6 kg(6~13 lb)

性格：安静、自信

圆耳尖的小耳朵，
微微折向头部

腿部长度适中，
结实而不粗壮

塞尔凯克卷毛猫（Selkirk Rex）

这可能是所有卷毛猫里最引人注目的品种了。作为长毛猫，它们和拉波卷毛猫（见 142 页）都享有盛誉，但它们的外观看上去更独特。由于有着一只卷毛猫和一只直毛猫基因，这种结合便给它们带来了蓬松而带着小卷的效果。长而厚的被毛在所有异质结合的猫中是最好的。所有的三种毛型在这种猫身上都存在，而长毛的塞尔凯克在褪毛方面和波斯猫（见 16 页）有得一拼。

玳瑁渐变色

尽管小猫在生下来时就是卷毛的，不过很快它们的卷毛就会完全消失。直到卷毛又重新回到身上前的这段时期，幼猫都会看上去脏兮兮的。

圆圆的头部
上有个短而
方正的吻部

圆眼睛分得很开

塞尔凯克的头部

与其他的卷毛猫不同，塞尔凯
克卷毛猫看上去很圆，但很结
实。它们的吻部很短且很宽，
有一个很特别的鼻子，脸颊和
胡须垫都十分饱满。眼睛的颜
色与毛色无关。

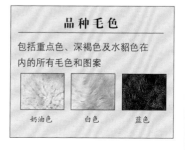

品 种 毛 色

包括重点色、深褐色及水貂色在
内的所有毛色和图案

奶油色	白色	蓝色

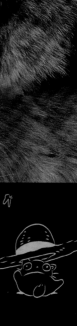

品种历史　塞尔凯克卷毛猫出现于 1987 年，是卷毛猫家族中的最新品种。第一只塞尔凯克卷毛猫叫作 DePesto of Noface 小姐，或者叫 Pest，是一只出生在美国蒙大拿州宠物救助中心的短毛小猫。后来，它来到了波斯猫培育者 Jeri Newman 的家。Jeri 让这个新来的家伙和她的黑色波斯猫冠军 Photo Finish of Deekay 交配，结果生下了一窝小猫，有长毛的也有短毛的，但有一只混合着直毛和卷毛。这只变种的猫不仅表明 Pest 的卷毛基因突变是显性的，还说明它和许多随机繁殖猫一样都带有隐性的长毛基因，所以，自此，塞尔凯克卷毛猫既有长毛版本，也有短毛版本，这两种猫的区分并不很正式，而且为了延续这个品种，它们被允许和包括波斯猫在内的其他品种的猫进行异性杂交。

关键要素

起源时间： 1987 年

发源地： 美国

祖先： 救助的猫、波斯猫、异国短毛猫、英国短毛猫、美国短毛猫

异型杂交品种： 纯种的双亲品种

别名： 无

体重范围： 3~5 kg(7~11 lb)

性格： 宽容、有耐心

红色渐变斑纹

带卷的被毛会露出白色的底层被毛，这也使得这种图案的效果与长直毛猫相比大打折扣。它们身上的斑纹图案会被卷毛柔化，而且越朦胧越好。额头皱纹在脸上清晰可见。

厚厚的尾巴，微微向圆尾尖变细

尖尖的耳朵大
小适中，但分得
很开

健壮的身体几乎呈
长方形，后腿部分
微微翘起

土耳其梵猫 (Turkish Van)

　　一身柔软的被毛，圆圆的大眼睛，这种猫看上去似乎是一种理想的膝上小猫。不过，土耳其梵猫可是那些生活在艰苦环境的田园猫的后代，所以它们仍保持着很强的自我意识。这种猫因为两个原因而出名：一是因为它们有限的毛色，图案十分特别，以至于人们将这种花纹命名为"梵湖"图案（甚至在其他品种身上出现也以此相称）；另一个是它们喜欢在炎热的季节下水，因此在它们的家乡，人们管它们叫"游泳的猫"。

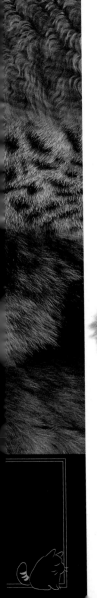

大耳朵高高
竖在头上

椭圆形的
大眼睛

玳瑁白色

在黑色被引入这个品种的时候，玳瑁色梵猫开始出现了。根据标准来看，如果在一只猫的尾巴上出现了"拇指纹"，那这只猫就不够完美。不过，尽管能完美达到标准的猫少之又少，却并不意味着能作为宠物的小猫也很少。

梵猫的脸

梵猫脸部的花纹不应该出现在眼平以下或是耳根以后的部位。理想中的梵猫在前额上应该有白斑。

品种毛色

双色（琥珀色、蓝色、鸳鸯眼）
带白色的赤褐色、奶油色
带白色的黑色、蓝色、玳瑁色、蓝奶油色

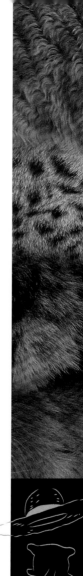

被毛会很
快分开

奶油色

这种颜色和赤褐色与
白色的土耳其梵猫在
图案和眼睛的颜色方
面都很相像。梵猫柔
软的被毛不仅能防
水，而且每次身体移
动后都会自动"梳
理"，不会粘成一团。

身体修长而结实，
雄性会特别强壮

品种历史　这个品种的现代史始于 1955 年，两只猫被带到了英国，它们很快便风靡欧洲，却没能很快被注册机构接受。1982 年，土耳其梵猫抵达了美国，在那里，它们获得了 CFA 和 TICA 的认可。在 GCCF，只有红棕色和奶油色才是被认可的，而其他注册机构可以接受黑底色的猫。

红棕色

在其他的品种中，这个颜色被称为红色，只有在土耳其梵猫身上，才会使用"红棕色"这样更美丽的名字。这种被毛图案配上琥珀色的眼睛，土耳其梵猫最初便是如此优雅地出现在了西方人的眼里。它们的被毛是独特的粉笔白，而图案仅仅出现于头上和尾巴上。

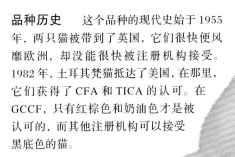

蓬松的大尾巴
和身体一样长

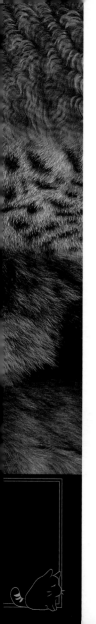

蓝色

蓝色根据深浅的不同可以有很大的差异，而这种猫的蓝色却要比大多数其他品种的标准规定的蓝色要深得多。想要把一种新的毛色引入梵猫，不可避免地会带来一些令人讨厌的特征。比如明亮的金色眼睛就是一个很难稳定下来的特性，而绿色的眼睛却会屡屡出现。

关键要素

起源时间： 18 世纪以前

发源地： 土耳其的梵湖地区 (Lake Van)

祖先： 家养猫

异型杂交品种： 无

别名： 土耳其游泳猫 (Turkish Swimming Cat)

体重范围： 3~8.5 kg(7~19 lb)

性格： 宁静、泰然自若

腿的长度适中，并有着整齐的圆脚爪

头部呈短楔形，有
着长直的轮廓

丝亮的长被毛，
没有底层被毛

威尔士猫（Cymric）

　　结实，有着兔子般轻盈的步态，这种猫除了被毛以外和曼岛猫（见176页）一个样（威尔士猫有着双层的中等长度被毛，而曼岛猫则是短毛的）。尽管威尔士猫起源于北美，它们的名字却来源于威尔士语中的"威尔士"(Cymru) 一词，被认为有着无尾猫的血统。它们同样以长毛曼岛猫的名字而为人熟知，但是显然"威尔士猫"这个名字听起来更有诗意。

品种历史　尽管从名字上看这应该是一种有着威尔士血统的猫，但事实上这却是一个地道的北美品种。曼岛猫总是会制造出一些特殊的长毛小猫。在 20 世纪 60 年代，包括加拿大的 Blair Wright 和美国的 Leslie Falteisek 在内的培育者们努力为这些长毛的变种猫争取获得认可。终于，到了 80 年代，CFA 和 TICA 都以"威尔士猫"这个名字，认可了这个独立的新品种，不过 CFA 现在又以长毛曼岛猫的名字将这种猫重新归类。很遗憾，这个品种在英国仍未获承认。

橙眼白色

白色威尔士猫的眼睛也许会是深蓝色、亮铜色或者是这两种颜色的鸳鸯眼。它们的被毛应该是纯白色的，没有一点点发黄，并且没有任何杂色的存在。

品种毛色

纯色和玳瑁色	的图案
黑色、红色、蓝色、奶油色、白色、	**斑纹色（经典、鲭鱼纹）**
玳瑁色、蓝奶油色	啡色、红色、蓝色、奶油色、啡
所有其他纯色和玳瑁色	补丁色、蓝补丁色
烟色	*斑点和间色图案，所有纯色和玳瑁色*
黑色、蓝色	**银虎斑**
所有其他纯色和玳瑁色	银色、补丁银色
渐变色和毛尖色	*所有其他标准斑纹色*
银色渐变、金吉拉银色	**双色（标准和梵色）**
所有其他纯色和玳瑁色	*所有带白色的纯色玳瑁色*
重点色	*所有带白重点色的毛色和图案*
所有毛色及重点色、深褐色和水貂色	

黑色和白色

巧克力色
（CFA 不认同）

红虎斑

蓝色

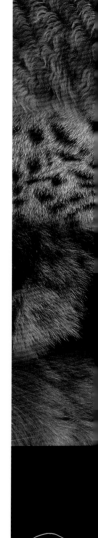

褐鲭鱼纹白色

在威尔士猫的评分系统中，毛色和花纹相对而言并不是很重要。最重要的是，尽管威尔士猫有着矮脚马式的体形，看上去圆头圆脑，还有一个显眼的脸颊和胡须垫，但就是绝不能有尾巴。威尔士猫会花上两年的时间来让自己的胁腹变得足够深，身体变得足够圆。

屁股看上去应该完全是圆的，没有一点尾巴的迹象

结实的腿，前腿要比后腿短得多

不大不小的耳朵，
耳尖圆圆的

圆脑袋，从前额
到鼻子有着柔和
的斜线

关键要素

起源时间： 20 世纪 60 年代

发源地： 北美

祖先： 曼岛猫 (Manx)

异型杂交品种： 曼岛猫 (Manx)

别名： 长毛曼岛猫 (Longhai 红色 Manx)

体重范围： 3.5~5.5 kg(8~12 lb)

性格： 友好，性情稳重

奈贝长毛猫（Nebelung）

银色的毛尖、蓝色的毛发，使得这种猫有着夜光般的优雅。光反射在它们毛发上的时候，会有白色的光晕。只有当你倒抚它们的被毛时，你才会发现被毛除了毛尖以外都是蓝色的。这个新品种是基于俄罗斯蓝猫（见224页）血统中"失落"的一支培育而成的，它们有着一个德文名字，意思是"光晕动物"。

头部略呈楔形，
有着平坦的前额
和连续的轮廓

品种毛色

纯色
蓝色

奈贝长毛猫的头部

面部总是带着微笑的表情。眼睛在小猫的时候是黄色的，需要一定时间才会变成绿色。四个月大的时候，在瞳孔周围会出现绿色的环，并且随着小猫的不断成熟，眼睛会逐渐变绿。

品种历史　早在一百多年前，来自俄罗斯的蓝色的长毛猫和短毛猫就曾向世人展示过。短毛的品种成为了众所周知的俄罗斯蓝猫，但长毛的品种却不幸失去了成为独立品种的机会。1986年，培育者让Siegfried与它的长毛姐妹交配，创造出了一些蓝色的小猫，从而当之无愧成为了这个复苏品种的"亚当"。1987年，奈贝长毛猫获得了TICA的承认；6年后，它们又获得了CFA的认可。

耳根位置很
宽，耳尖微
微有条弧线

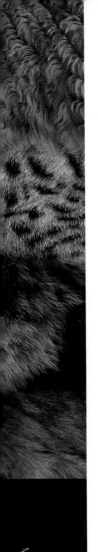

眼睛分得很开

细腻的双层被
毛,不长也不短,
有着银毛尖色的
护毛

关键要素

起源时间: 1986 年

发源地: 美国

祖先: 俄罗斯蓝猫 (Russian 蓝色)

异型杂交品种: 俄罗斯蓝猫

别名: 无

体重范围: 2.25~5 kg(6~11 lb)

性格: 腼腆、害羞

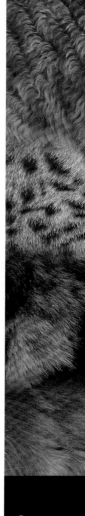

身体轻盈苗条,不过
也不是像管子一样

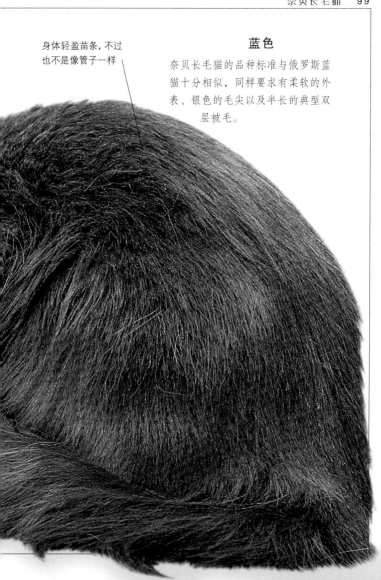

蓝色

奈贝长毛猫的品种标准与俄罗斯蓝
猫十分相似,同样要求有柔软的外
表、银色的毛尖以及半长的典型双
层被毛。

土耳其安哥拉猫
（Turkish Angora）

　　优美而矫健，有着良好骨骼和丝般被毛的土耳其安哥拉猫十分符合如今的潮流。这是一种中型或者小型的猫，健壮的身体覆盖着单层的被毛，活动时会反射光芒。除了东方风格的渐变色，土耳其安哥拉猫几乎拥有所有的颜色。这些猫活泼、机智、敏捷。一些培育者仍相信这些猫就是中亚野生兔狲的后代。传说鞑靼人曾家养兔狲，然后把它们带到了土耳其。不过传说到底还是传说，事实似乎并非如此。土耳其安哥拉猫的中长被毛可能是与外界隔绝的中亚家猫在几个世纪以来发生基因突变的结果。

玳瑁烟色

烟色的安哥拉于 19 世纪晚期最先在英国被记录在案。烟色的土耳其安哥拉在安静的时候应该是只色彩和谐的彩色猫，下层被毛只有在运动的时候才会露出来。不过在夏天，长毛褪去的时候，这种效果会有所减弱。

土耳其安哥拉的头部

它们的头部是一个比较平滑的楔形，由于胡须垫的部位没有明显的收缩，所以窄窄的吻部完美延伸了头部的线条。眼睛的颜色从黄铜色到金色，再到绿色，甚至蓝色，一应俱全。

品种毛色

纯色和玳瑁色

黑色、红色、蓝色、奶油色、玳瑁色、蓝奶油色、白色

所有其他纯色和玳瑁色

烟色

除白色外，同纯色和玳瑁色

斑纹色（经典、鲱鱼纹）

啡色、红色、蓝色、奶油色

斑点和间色图案，所有其他纯色和玳瑁色

渐变色

除白色外，同纯色和玳瑁色

银虎斑色（经典、鲱鱼纹）

银色

斑点和间色图案，所有其他纯色和玳瑁色

双色

所有带白色的纯色和玳瑁色

所有其他带白色的毛色和图案

红色

蓝虎斑

蓝色－奶油色

渐变银色

品种历史　来自土耳其的安哥拉猫在 17 世纪最先到达法国和英国。到了 20 世纪初，由于不断与其他长毛猫杂交，土耳其以外的土耳其安哥拉猫实际上已经灭绝了。据说这个品种是通过安卡拉动物园 (Ankara Zoo) 的培育计划而得以幸存的，不过这应该只是一个比较传奇的故事罢了。二战以后，来自瑞典、英国和美国的培育者纷纷从土耳其引进土耳其安哥拉猫，而土耳其现在已对这个品种严加保护。

黑色

黑色被毛的土耳其安哥拉猫必须是煤黑色，而且从毛根到毛尖都是纯黑色的。和所有的猫一样，过长时间暴露在阳光下会使它们的毛发呈现出铁锈色，当然到了夏季被毛褪去的时候，它们还会恢复原有的单一色调。

被毛细腻、丝滑，底层被毛几乎可以忽略

稍微偏小的头部略
显楔形

脸上有银色的
痕迹

红色渐变

这种隐性基因在土耳其安
哥拉猫的体内已经存在了
几个世纪。与刺鼠纹基因
的配合使它们有了银色或
者渐变的颜色。这些虽然
未被 CFA 认可，却得到了
TICA 和 FIF é 的承认。夏
天褪毛时，银色会更加明
显，尤其是面部。

长长的身体很苗
条，但肌肉发达

玳瑁白色

以白色为主的梵湖纹双色图案在土耳其猫中很流行。在土耳其安哥拉猫的双色中，底色部分应该完全为白色，而黑色和红补丁色的分布应该差不多。

修长的腿，后腿比前腿要长

微微有些尖的
大耳朵高高地
竖在头顶

椭圆形的大眼睛，
微微有些吊梢

关 键 要 素

起源时间： 15 世纪

发源地： 土耳其

祖先： 家养猫

异型杂交品种： 无

别名： 无

体重范围： 2.5~5 kg(6~11 lb)

性格： 精力旺盛的自我表现者

索马里猫（Somali）

　　这个有着毛茸茸的尾巴和弓起的背的新品种，就是现今世界上最具人气的猫之一。就像它们的前身——短毛的阿比西尼亚猫（见232页）一样，索马里猫是有斑纹的，然而特殊之处在于它们的每根毛上都有3~12条有色条纹。这些条纹的颜色要比底色深，并且当索马里猫的被毛完整时，这些条纹会让它们看上去闪闪发光。它们脸上的花纹十分引人注目，就像戏剧表演中画的眼线一样。索马里猫是天生的猎手，所以也喜欢活跃在户外。

淡紫色

淡紫色暖色调的被毛有着燕麦色的底子和淡紫色调的色带；而足垫和鼻子部位的皮毛应该呈现出和谐偏紫的粉色。

索马里猫的脸

所有的索马里猫都有浅色毛环绕的黑眼圈，在额头和脸颊上都有清晰的斑纹。这只年轻的银黑色的猫有些发暗。银色的索马里猫的胸部和下半身都是白色的。

典型的完整毛领圈

品种毛色

斑纹（间色）
常见色、巧克力色、栗色、红色、蓝色、淡紫色、浅黄褐色、奶油色、常见玳瑁色、巧克力玳瑁色、栗玳瑁色、蓝玳瑁色、淡紫玳瑁色、浅黄褐玳瑁色

银虎斑（间色）
同纯色和玳瑁色

蓝色

栗色

奶油色

长尾巴几乎是满满一
大束毛发

品种历史 关于这种猫的基因根源，恐怕就要到英国去寻找了。我们知道，在阿比西尼亚猫的窝里偶尔会出现长毛的小猫。20世纪40年代，一个名叫Janet Robertson的培育者将阿比送到了北美和澳大利亚。这些阿比的后代有时会生出暗色绒毛的小猫。60年代，加拿大培育者Ken McGill培育出了"官方"第一只索马里猫。有了McGill的积累，这个品种在北美得到了长足的发展。80年代，索马里猫出现在欧洲，并在1991年得到了世界范围的承认。

较浅的下半身

头部呈适中的楔形，从轮廓上看，有着平滑的线条和轻微的折鼻

淡黄褐色

在夏天，索马里猫会褪去长毛变成"短毛"猫。淡黄褐色是栗色的浅色版，有着灰白蘑菇或者燕麦色的底层被毛和浅黄色色带。

中等体形，轻盈而又健壮

毛茸茸的圆脚爪

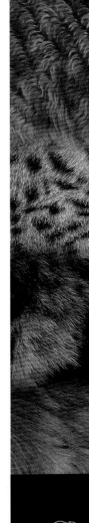

关键要素

起源时间：1963 年

发源地：加拿大和美国

祖先：阿比西尼亚猫 (Abyssinian)

异型杂交品种：无

别名：长毛阿比西尼亚猫
(Longhaired Abyssinian)

体重范围：3.5~5.5 kg(8~12 lb)

性格：安静，但是很外向

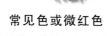

间色，每根毛发上至少
有三条黑色的色带

常见色或微红色

这种毛色在北美被称作微红色，这是猫展最早认可
的毛色之一。被毛的基调是杏仁色的红棕渐变色，而
毛发上的条纹却是黑色的。它们身体的样子和完美的被
毛为它们赢得了一个昵称——"狐猫"。

毛茸茸的杯形大耳朵
分得很开

柔软细腻的被
毛，既不算长也
不算短

修长的腿下端是
椭圆形的毛爪子

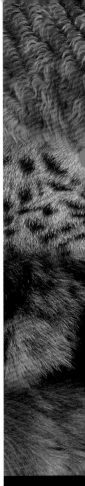

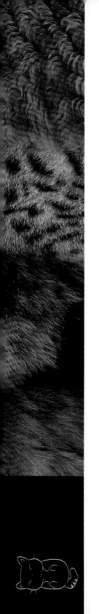

查达利猫（Chantilly/Tiffany）

　　一直十分稀有的查达利猫有着不紧不慢的脾气，它们既不像波斯猫那样安静，也不像东方长毛猫那样活跃。查达利猫会用讨人喜欢的"唧唧"声来表达自己的快乐，那声音就像是鸽子的"咕咕"声，如果它们对你"唧唧"叫过，你一定会迷上这种欢快的声音。尽管第一只查达利猫是巧克力色的，但事实上它们有着各种各样的颜色甚至是花纹。查达利猫都是晚熟的家伙：体长中等，单层被毛只有到它们2~3岁的时候才会长全。

品种毛色

纯色
巧克力色、肉桂色、蓝色、淡紫色、浅黄褐色

斑纹色（鲭鱼纹、斑点和间色）
同纯色

巧克力斑纹小猫

尽管这个品种的猫经常以纯色的面目被人提到，不过人们还是会培育出有斑纹的猫。小猫需要一些时日才能完全展现出它们的潜能，尤其是眼睛的颜色，需要几年才能达到完美的程度。

品种历史　　这种友善而又要求不高的猫可并不像它们最近的声望所显示的那样是新品种，但它们的历史却始终被迷雾困扰着。1967年，纽约的Jennie Robinson购买了一对小猫，尽管它们的毛色表明它们的双亲应该是伯曼猫，但关于它们的背景资料并不明确。佛罗里达的培育者Signe Lund购买了这些猫，并把它们叫做蒂法尼（Tiffany）。由于她也培育缅甸猫，她的协会和那个品种便在不经意间在历史上留下了重要的一笔。时至1988年，加拿大阿尔伯达省的Tracy Oraas重建了这个品种，并最终认为它们很可能是安哥拉猫（见132页）的一个分支。

耳朵的大小适中, 有
着圆圆的耳朵尖

关 键 要 素

起源时间： 20 世纪 70 年代

发源地： 加拿大和美国

祖先： 不确定

异型杂交品种： 安哥拉猫、哈瓦那褐猫、奈贝长毛猫、索马里猫

别名： 蒂法尼猫 (Tiffany)、外来长毛猫 (Foreign Longhair)

体重范围： 2.5~5.5 kg(6~12 lb)

性格： 温顺而又谨慎

身体长度适中，苗条而又雅致

巧克力色

这是它们原本的毛色，所以这种猫又被称作"巧克力爱好者的最爱"。温暖、丰富的棕色渐变被毛映衬出一双闪烁着深金色的眼睛。鼻子上的皮肤和脚垫的颜色是一致的，而巧克力棕色的胡须垫，更是完美配合了整体的外观。

头部呈三角形, 弯曲的轮廓, 在眼平线位置

半长的被毛细腻而又丝滑

腿并不算长, 肌肉发达, 但不臃肿

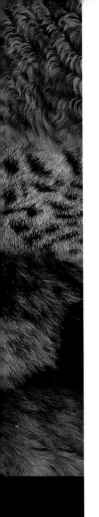

蒂法尼猫（Tiffanie）

　　尽管人们有时会把它们和那些北美来的同名的猫（见112页）搞混，蒂法尼猫与那种猫可是一点关系也没有。实际上，在记录良好的培育计划中，长毛的亚洲猫是金吉拉波斯猫（见16页）和美洲缅甸猫（见262页）的后代。不过，蒂法尼猫与它们的长毛前辈只是被毛相似，结构却是缅甸猫的。在性情方面，它们结合了它们双亲的特点并转变为自己的优点：比波斯猫更活泼，比缅甸猫更矜持，而蒂法尼猫的标准中也着重突出了良好的性格这一点。有着随和的性格和易打理的长毛，蒂法尼猫会得到更广泛的青睐。

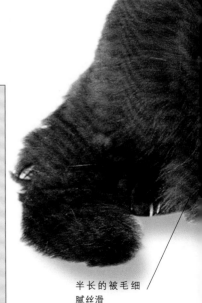

品种毛色

纯色（单色、深褐色）
黑色、巧克力色、红色、蓝色、淡紫色、奶油色、焦糖色、杏仁色、黑玳瑁色、巧克力玳瑁色、蓝玳瑁色、淡紫玳瑁色、焦糖玳瑁色

渐变色（单色、深褐色）
同纯色

斑纹（单色、深褐色、所有图案）
啡色、巧克力色、红色、蓝色、淡紫色、奶油色、焦糖色、杏仁色、黑玳瑁色、巧克力玳瑁色、蓝玳瑁色、淡紫玳瑁色、焦糖玳瑁色

半长的被毛细腻丝滑

棕色

人们经常把这种颜色的蒂法尼猫与查达利猫搞混。尽管棕色看起来和深巧克力色很像，实际上却是被深褐重点图案淡化了的黑色。在缅甸猫里，这被称作紫貂色。在纯色的蒂法尼猫里，深褐重点图案是可以被接受的，而长长的被毛使它们区别于缅甸猫。

头部呈楔形，从轮廓上看，它们有个独特的折鼻

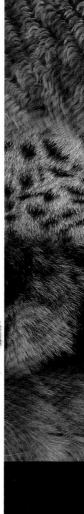

眼睛既不是杏仁形又
不是圆形，微微有些
上挑

中等偏大的耳朵
延续着脸部的线

不长不短的腿下端是
一个圆圆的脚爪

蓝渐变银色

渐变色的蒂法尼猫实际上就是长毛版的
Burmilla（缅甸猫王子和金吉拉公主生下的短
毛猫），有着亚洲猫原本的被毛图案。亚洲组
里的所有成员都有着同样的身体结构，所不
同的只是毛色、图案和体长。

品种历史　　蒂法尼猫实质上就是长毛的缅甸猫，它们是亚洲组里唯一的长毛成员。这个组的起源可以追溯到 1981 年在伦敦的一次偶然交配，这段浪漫故事的男女主角就是属于 Baroness Miranda von Kirchberg 的一只金吉拉波斯猫和一只淡紫色缅甸猫。虽然它们的第一代子女只是短毛的渐变色 Burmilla，但在接下来的培育中，隐形的长毛和深褐重点色基因仍不可避免地浮现了出来。培育小组得到了缅甸猫培育者们的全力支援，并且使这个品种保持着高度的独特性。在亚洲组的猫中有这两条很明显的线路，FIFé 的猫与 GCCF 的猫来自同一条线路，而在英国则有更多不同的道路可选。

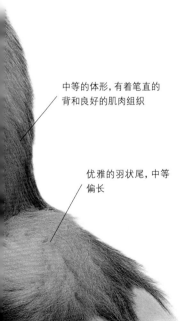

中等的体形，有着笔直的背和良好的肌肉组织

优雅的羽状尾，中等偏长

关键要素

起源时间： 20 世纪 70 年代

发源地： 英国

祖先： 缅甸猫／金吉拉杂交

异型杂交品种： 缅甸猫／金吉拉

别名： 无

体重范围： 3.5~6.5 kg(8~14 lb)

性格： 活泼、亲切

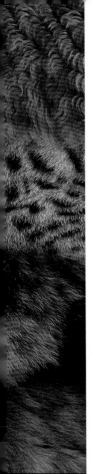

巴厘猫（Balinese）

苗条、骨骼良好，巴厘猫的样子精致得就像一个贵族。事实上，它们是十分外向的品种，当它们处于活动的核心地位时最开心。由于巴厘猫是极具好奇心的家伙，所以它们会一直孜孜不倦地研究你的吸尘器、碗橱和购物袋。它们可以用细长的身体做出像胡迪尼（Houdini）一样的动作。兽医们都知道，就像暹罗猫一样，它们都是一流的逃生专家，仿佛会开锁似的。巴厘猫是精力超级旺盛的猫，需要精神和身体上的双重刺激。作为典型的重点色猫，它们没有引人注目的长毛，从远处看，如果不注意那根优雅的毛尾巴的话，人们很容易把它们当成暹罗猫。

品种毛色

巴厘重点色
海豹色、巧克力色、蓝色、淡紫色

爪哇重点色（CFA）
红色、奶油色、所有颜色的玳瑁色和斑纹版本
肉桂色、浅黄褐色、烟色、银色以及杂色版本

红虎斑　　　蓝玳瑁色

淡紫重点色

作为巧克力色的浅色版，淡紫重点色的巴厘猫可以说是优雅娇美的完美典范。温暖的木兰色被毛上会有柔和的紫渐变色，而鼻尖和脚垫却是粉红色或者更浅的紫色，以和重点色的色调相谐调。无论是什么样的毛色，巴厘猫的眼睛应该总是清澈明亮而又生动的蓝色。尽管这样颜色曾被叫做薰衣草色，甚至霜点色，但在北美的各大组织中，这种颜色被统一称作淡紫色（紫丁香色）。

头部呈长楔形，有着优美的线条

笔直竖着的大耳朵，耳根部位很宽

浅色的身体很清晰地映衬出重点色点

典型的东方眼睛分得很开

巴厘猫的头部

从正面来看，巴厘猫的两耳位置分得较开，脸部较宽，逐渐向着精致的吻部慢慢变窄。从侧面轮廓来看，它们应该有一个直鼻子和一个强壮的下巴。这只海豹玳瑁重点色猫已经有了一个完整的"面具"。

长长的羽状尾巴

蓝重点色

蓝重点色猫的标准中要求它们有着冰白色的身体，同时背上还有冰蓝的重点色和渐变色；鼻尖的皮肤应该也呈蓝色。无论从哪个方面来看，蓝重点色和淡紫重点色都不应该会被混淆。

这只蓝斑纹重点色猫在面具上表现出清晰的面部斑纹

中等偏长的被毛细腻、丝滑，平顺地贴在身上

椭圆形的小爪子，有着与重点色相称的肉垫

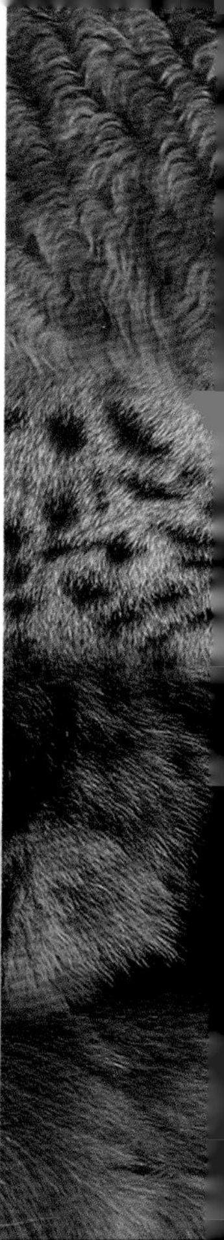

海豹重点色

均匀的深棕色点和身上柔和的浅黄渐变色描绘出了海豹重点色的特征。海豹重点色看起来没有巧克力色那样温暖。

中等体形的身体，苗条而又优雅

关键要素

起源时间： 20 世纪 50 年代

发源地： 美国

祖先： 长毛暹罗猫

异型杂交品种： 美国的暹罗猫、英国的安哥拉猫

别名： 在美国，部分颜色可称作"瓜哇猫 (Javanese)"

体重范围： 2.5~5 kg(6~11 lb)

性格： 精力旺盛的自我表现者

巧克力重点色

和所有的重点色猫一样，被毛的颜色会随年龄的增大
逐渐加深，所以一只猫的"展会生涯"可能非常短
暂。这只猫的渐变色对参展猫
而言就太浓重了，但它
年轻的时候可曾
是冠军哦。

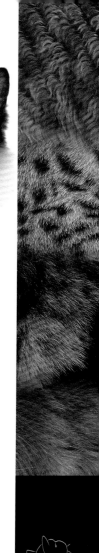

品种历史　许多年来，暹罗猫不断繁殖出半
长毛的小猫。早在 1928 年，就有一只长毛的暹罗猫在英
国获得了 CFA 的注册。长期以来，培育者们将这些暹罗猫培
养成宠物，直到"二战"以后，加州的 Marion Dorsey 培育出
了长毛版本。长毛暹罗猫在 1955 年获得展出，并于 1961 年获得了认可，
不过培育者们十分反感这个名字，后来有个培育者觉得它们的姿态让他
想起了巴厘岛的舞者，于是就给它们起名叫巴厘猫。

新品种巴厘猫
（Newer Balinese）

起初，在巴厘猫和暹罗猫中，只有蓝、紫、海豹和巧克力四种重点色才是被承认的。培育者们又努力创造出了我们今天所熟知的其他颜色和重点图案。在英国和澳大利亚，巴厘猫的名字就包含了所有的颜色和图案。而在北美，CFA仍然只认可四种"传统"颜色的巴厘猫，其他诸如红色、奶油色以及斑纹和玳瑁图案则被作为独立品种。长毛的品种在北美被称作爪哇猫，而短毛的品种则被称为重点色短毛猫（Colourpoint Shorthairs）。

巧克力玳瑁重点色

巧克力玳瑁重点色补丁实际上是浅巧克力色和不同红渐变色的混合，大些的红色部分可能会表现出比较暗弱的斑纹图案。

脸部可以出现白斑

鼻尖的皮肤和脚爪
上是巧克力色和粉
红色的混合色

海豹斑纹重点色

海豹斑纹重点色是一种很醒目的渐变色，有着奶油色的身体，背上还有温暖的浅黄色。身上必须没有任何斑纹的痕迹，而在腿部、尾巴和脸部则应该表现出明显的斑纹图案。

身上有斑驳的渐变色

羽状的尾巴很长

蓝斑纹重点色

一只蓝重点色的猫必须要有蓝色的鼻子，不过蓝斑纹重点色的猫也可以有一个蓝色边框的粉色鼻子。眼睛必须遵循和纯重点色一样的标准。相比其他斑纹重点色的猫而言，蓝斑纹重点色猫耳背上的"拇指印"并不是那么明显。

海豹玳瑁重点色

深海豹褐重点色点混合着红渐变色，这是颜色最深的玳瑁重点色猫了。每一个色点都应该表现出几种颜色的混合色，但这种混合色并不一定要均匀，几乎可以表现为一种颜色或另一种颜色（当然也不能完全是纯色）。

海豹玳瑁斑纹重点色

所有的玳瑁斑纹重点色都必须同时表现出斑纹图案和混合色，身上的渐变和斑纹重点色都应该是不均匀的。在斑纹重点色和玳瑁斑纹重点色里，对颜色的要求不像纯重点色那样严格，多种色调是可以被接受的。

极其明亮清澈
的蓝眼睛

巧克力斑纹重点色

斑纹重点色猫必须表现出清晰的面部花
纹，有着带斑点的独特胡须垫和黑眼圈。
在尾巴和腿上，也应该要有条纹或者环
纹，只是在有斑纹图案出现的重点色猫
身上不太容易分辨。在北美，斑纹重
点色也被称作山猫重点色。

身上没有花纹

尾巴上有环纹或是粗条纹

安哥拉猫（英国）

[Angora (British)]

安哥拉猫在性情上和其他东方型猫很相似——活泼而又好奇。它们体态修长、精干，尾巴像是一根优雅的大羽毛。精致、丝一般的被毛下没有羊毛状的底层被毛，所以十分容易梳理。暹罗猫（见 280 页）、巴厘猫（见 120 页）和东方短毛猫（见 292 页）都是可以与安哥拉猫家族进行异型杂交的品种。安哥拉品种总是有着大量麻烦的容易混淆的名字。为了表示与土耳其安哥拉猫（见 100 页）没有任何关系，在欧洲大陆人们习惯称之为爪哇猫，以避免搞混。而在北美，一些组织所说的爪哇猫实际上是某些颜色的巴厘猫。在北美，英国安哥拉猫被称为东方长毛猫 (Oriental Longhair)，表明它们实际上遗传自东方短毛猫 (Oriental Shorthair)。尽管如此，现在东方长毛猫（见 138 页）已经自成一家了。

蓝眼白色

对很多人而言，这都是历史上安哥拉猫或法国猫最为经典的毛色了。蓝色的眼睛活泼而又明亮，更像是暹罗猫的眼睛，而不是西方品种的那种偏灰的浅蓝色。

品种毛色

纯色和玳瑁色

黑色、巧克力色、肉桂色、红色、蓝色、淡紫色、浅黄褐色、奶油色、焦糖色、杏仁色、白色(蓝眼睛、绿眼睛、鸳鸯眼)、玳瑁色、巧克力玳瑁色、肉桂玳瑁色、蓝玳瑁色、淡紫玳瑁色、浅黄褐玳瑁色、焦糖玳瑁色

烟色、渐变色、银渐变色和毛尖色

除白色外，同纯色和玳瑁色

斑纹（所有图案）

啡色、巧克力色、肉桂色、红色、蓝色、淡紫色、浅黄褐色、奶油色、焦糖色、玳瑁色、巧克力玳瑁色、肉桂玳瑁色、蓝玳瑁色、淡紫玳瑁色、浅黄褐玳瑁色、焦糖玳瑁色

银虎斑色（所有图案）

毛色同标准斑纹

巧克力玳瑁斑纹　肉桂玳瑁斑纹　焦糖玳瑁色

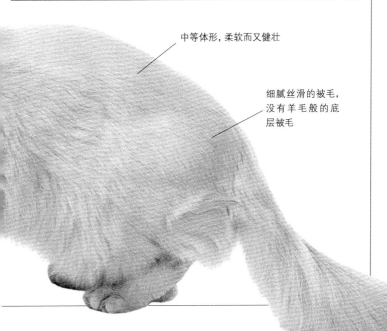

中等体形，柔软而又健壮

细腻丝滑的被毛，没有羊毛般的底层被毛

头部是一个适中的三角楔形

除白色外，所有毛色的安哥拉猫都有着绿色的眼睛

红色银渐变

渐变色的安哥拉猫的底层被毛有着灰白温暖的渐变色。银渐变色的猫，比如这只红色渐变猫，都有着银白色的底层被毛，从而和毛尖色形成了更为戏剧性的对比。安哥拉猫的被毛成熟很慢，年轻的猫经常是短毛的。

巧克力色

这个色彩饱满、温暖的色调创造出了一只绝对奢华的猫。虽然全身的毛色都是相对均匀的,但它们的毛发会在阳光下变浅,所以诸如尾巴之类被毛较长的部位会比其他部位显得更为灰白一些。

长长的脖子很苗条

修长纤细的腿,肌肉很发达

关键要素

起源时间：20 世纪 70 年代

发源地：英国

祖先：暹罗猫／阿比西尼亚猫杂交

异型杂交品种：暹罗猫、巴厘猫、东方短毛猫

别名：爪哇猫（欧洲）、前东方短毛猫（美国）、Mandarin

体重范围：2.5~5.5 kg(5~11 lb)

性格：精力旺盛的自我表现者

肉桂色

第一只安哥拉猫——布谷鸟（Cuckoo）就是肉桂色的。这个毛色的基因其实来自阿比西尼亚猫家族，在那个家族里，这种颜色被称为栗色。包括眼圈和鼻尖在内，它们整体都是这种温暖的色调。

被毛平贴在身上

尾巴很长，向尾端渐渐变尖

品种历史　安哥拉猫诞生于英国的培育者 Maureen Silson 之手。在 20 世纪 60 年代中期，他尝试用一只栗色的阿比西尼亚猫（见 232 页）和一只海豹重点色的暹罗猫交配，以获得一只有条纹的暹罗猫。它们的后代不仅继承了肉桂色以及能繁殖出肉桂色东方短毛猫的特点，还携带有长毛的基因，这样也就直接导致了安哥拉猫的诞生。所以，当它们的后代交配时，也就产生了今天英国绝大多数的安哥拉猫。这种猫与 19 世纪的安哥拉猫和复兴的土耳其安哥拉猫都没有什么联系。

大耳朵　配合着头部的线条

椭圆的小脚爪

前腿要比后腿短

东方长毛猫
（Oriental Longhair）

　　这种美丽、多姿多彩的猫完全是东方短毛猫的半长毛版本，是它们使东方猫四家族变得更完整。就像巴厘猫（见120页）是暹罗猫（见280页）的半长毛翻版一样，东方长毛猫也是东方短毛猫的"私人丝毛替身"。东方长毛猫没有底层被毛，并且它们的被毛平坦地贴在身上。在夏天，它们看上去倒是很像短毛猫，除了那条羽毛般的大尾巴。这个品种的猫在各方面都很清晰地体现出了家族的特色：有着东方型猫的各种颜色及巴厘猫松软的被毛和羽状尾巴。

品种毛色

除重点色、深褐色和水貂色外的所有颜色和图案

包括重点色、深褐色和水貂色在内的所有颜色和图案

蓝玳瑁斑纹　　浅黄褐色和白色

白色　　黑色

栗色

在北美，东方长毛猫的毛色是按照东方短毛猫的毛色命名习惯来命名的。在英国，这种颜色被称为"哈瓦那"，而在别的品种里，这种颜色就被叫做"巧克力色"。栗色被毛的东方长毛猫应该有着饱满温暖的棕色，通常总要比巧克力色略红一些。

头部像是一个尖尖的楔子，没有一撮撮的胡须

细长的脖子

修长光滑的身体

纤细的长腿

品种历史　　除了培育者们辛勤地精心控制交配，猫咪本身也经常会制造出惊喜。1985年，在Sheryl Ann Boyle的Sholine猫舍里，一只东方短毛猫和一只巴厘猫"密谋"生出了一窝有着丝般半长毛的东方小猫。由于这些小猫是如此引人注目，于是它们迅速被作为一个品种培养起来，并且现在已经获得了TICA和CFA的认可。鉴于它们东方短毛猫的血统，一些品种协会对重点色小猫的情况还存在不少分歧。有时候，人们会把它们和安哥拉猫（见132页）搞混，因为安哥拉猫以前在北美就是被叫做东方长毛猫。不过无论是从外观上还是从历史上来看，这两种猫都有很大的差别。

关键要素

起源时间：1985年
发源地：北美
祖先：东方短毛猫、巴厘猫
异型杂交品种：暹罗猫、巴厘猫、东方短毛猫
别名：无
体重范围：4.5~6 kg(10~13 lb)
性格：友好而又好奇

栗色银条斑纹

条纹图案的猫应该在脸上、腿上和尾巴上清晰地表现出斑纹图案，并且至少有一根"项链"。银色的光泽会减弱色彩的数量，而顶层被毛和底层被毛之间的反差甚至会使条纹的光彩都黯然失色。

柔软羽状长尾巴，向着尾端渐渐变细

尖尖的大耳朵，延续着脸部的线条

大小适中的"杏眼"，有些吊梢

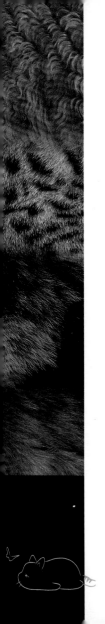

拉波卷毛猫（La Perm）

　　绝大多数现存的卷毛猫都起源于短毛猫，因此也大多由短毛猫发展而来。长毛的拉波卷毛猫和塞尔凯克卷毛猫（见82页）是仅有的被主流注册机构接受的长卷毛猫。至于另一种一直被提起的长卷毛猫——波希米亚卷毛猫，从未能够得到正式的认可；而缅因浣熊猫（见46页）也一直备受争议。尽管拉波卷毛猫是美国随机繁殖猫的后代，它们却有着一副东方长相——楔形的脑袋和精干的体形。它们是活跃而且充满好奇心的户外型猫，所以，如果你要找的是一只"膝上小猫"，那恐怕就不太合适了。对于这个品种的描述充分反映出它们有着农场猫祖先，其中特别提出：它们是"出色的猎手"。

品种毛色

包括深褐色、重点色和水貂色在内的所有毛色和图案

白色

红虎斑

在随机繁殖猫里，红虎斑出现的概率随着地理位置的差异而不同。尽管如此，我们可以预见纯红色的猫几乎没有，因为想要将虎斑纹从这个颜色中去掉需要太过专注的培育。而对于任何新品种而言，这项工作都必须重新开始。

耳根的卷毛

会说话的大眼睛，微微有些往上挑

适中的体形，有着良好的肌肉组织

羽状的长尾巴，向着尾端渐渐变尖

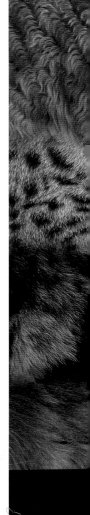

关键要素

起源时间： 1982 年

发源地： 美国

祖先： 农场猫

异型杂交品种： 非纯种猫

别名： 达拉斯拉波卷毛猫

(Dalles La Perm)

体重范围： 3.5~5.5 kg

(8~12 lb)

性格： 亲切、好奇心重

打着小卷的被毛长
度适中，有着浓密
的底层被毛

蓝色鲭鱼纹小猫

第一只拉波卷毛小猫出生
时全身是光秃秃的，后来才
渐渐长出了卷毛，不过大多
数的拉波卷毛猫生出来的
时候还是有微卷的被毛的。
在度过了第一年的"秃子"
岁月后，它们的被毛会逐渐
生长出来，并带着更多的卷。

品种历史　1982 年，俄勒冈州达拉斯的一只农场猫生下了 6 只小猫，其中有一只竟然是秃的。尽管有着这样的不利条件，这个小家伙还是活了下来，并且还长出了毛发，只不过，与它的同胞们不同的是，这并不是常见的被毛，而是一种摸上去十分松软的卷毛。这只猫的主人，即此品种的建立者 Linda　Koehl 给它起了个名字叫 "卷毛儿 (Curly)"。在随后的 5 年里，Koehl 培育了一批小猫，它们日后就成为了拉波卷毛猫品种的基础。由于这个基因是显性的，所以可以在合理增加卷毛小猫的同时，利用异型杂交的办法来扩大基因库。在各大主流注册机构中，只有 TICA 承认了拉波卷毛猫。

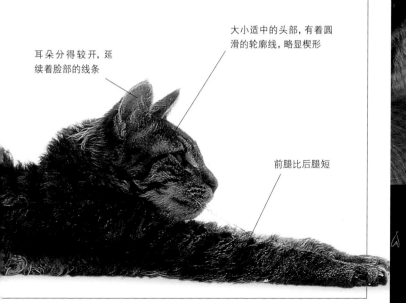

大小适中的头部，有着圆滑的轮廓线，略显楔形

耳朵分得较开，延续着脸部的线条

前腿比后腿短

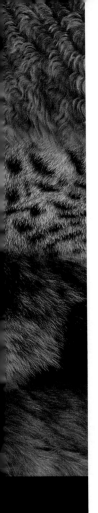

库页岛短尾猫
（Kurile Island Bobtail）

  关于这种猫以及它们的家乡，一直都没有明确的归属。库页列岛从俄罗斯联邦的最东端一直延伸到日本北海道的顶端。尽管与日本短尾猫一样具有一条短尾巴，它们却和日本短尾猫大不相同。为了适应北部家乡严酷的冬天，它们的被毛比起那些南方的亲戚要更厚、更长，身体也更结实。这个品种的标准只认可较少的一些毛色。尽管它们十分友好，但还是保留着独立的性格。

半长的被毛，下面有着清晰可辨的底层被毛

圆圆的脚爪和结实的腿，不过对它们的体形而言不算太强壮

耳朵的大小适中,
直立着

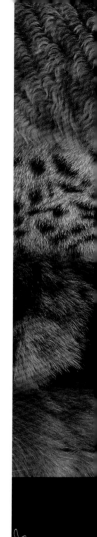

纯红色

伴性的红色在这个地区的猫里是
很常见的,如果能配上一双黄铜
色的眼睛就更理想了。被毛最长
的部分是在它们的喉部和屁股
上。雄性通常会有一个饱满的面
部,有着清晰的下颌。

品种毛色

纯色和玳瑁色
黑色、红色、蓝色、奶油色、玳
瑁、蓝奶油色、白色

烟色、渐变色和毛尖色
除白色外,同纯色和玳瑁色

斑纹(经典、鲭鱼纹、斑点)
啡色、红色、蓝色、奶油色、啡
玳瑁色、蓝玳瑁色

银虎斑
毛色同标准斑纹

双色
带白色的任何允许的颜色

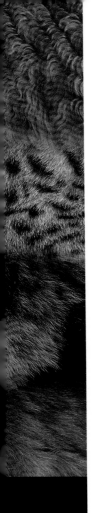

弯曲的短尾巴
位置较高

关键要素

起源时间：18 世纪以前

发源地：库页岛

祖先：家猫

异型杂交品种：无

别名：无

体重范围：3~4.5 kg(7~10 lb)

性格：爱管闲事而又友好

品种历史　直到最近，也只有日本短尾猫是广为人们所知的短尾猫品种。随着前苏联国家的渐渐开放，一些新品种也开始不断涌现，其中就有曾经默默无闻的库页岛短尾猫。库页岛短尾猫作为日本短尾猫的表亲，也表现出同样的突变效果，它们在库页岛上已经生活了好几个世纪了。尽管存在基因相似性，这对库页岛短尾猫在俄罗斯的注册并不会带来什么问题；不过由于引起短尾的是同一种突变，这会成为它们被欧洲接纳的障碍。

宽阔的头部有着少许几撮胡子，
在眼平位置有着和缓的折鼻

中等的体形，
但却强壮、肌
肉发达

玳瑁白色

即便是雌性的库页岛短尾猫，也会随着身
体的不断成熟而拥有强壮的腿和宽阔的
肩膀，出现令人"惊叹"的体形。它们的后
腿要比前腿长，脊椎从肩膀至臀部微微
拱起。库页岛短尾猫的尾巴完全是一个松
软的长毛球。

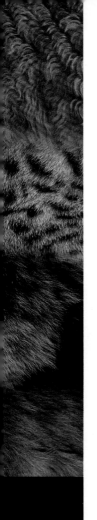

日本短尾猫
（Japanese Bobtail）

作为长毛猫，外向、好奇心重的日本短尾猫数量很少，全球只有很少的培育者在培育日本短尾猫。这是因为长毛的基因会在长毛与短毛的交配过程中被掩盖掉，而长毛和长毛的交配则会导致严重的近亲繁殖问题。这种短尾猫的短尾巴完全是一个毛茸茸的绒球，但这个特点并不会带来脊椎和骨骼畸形的问题。

品种毛色

纯色和玳瑁色
黑色、红色、玳瑁色、白色
包括重点色、水貂色和深褐色在内的所有的纯色和玳瑁色

斑纹色
所有颜色的全部四种斑纹图案

双色
带有白色的黑色、红色、玳瑁色
所有带白色的其他颜色

短尾猫的脸

这种猫的脸部有着和缓的曲线和高高的颧骨，看上去几乎就是一个等边三角形。日本短尾猫的一个重要特征就是鸳鸯眼，尤其是在玳瑁和白色被毛图案的猫中，这被称作"Mi-ke"。

品种历史 这种猫是短毛短尾猫（见304页）的自然变体。在过去三个世纪的日本绘卷中，我们都不难发现这两种类型的猫。有记载的培育历史仅仅始于1968年，那一年，短毛的短尾猫被带到了美国，也带去了它们的长毛基因。现在，短毛的版本已经在北美建立起自己的根基，而不太流行的长毛版本也逐渐有了自己的圈子，但它们在英国仍要争取注册。

竖直的大耳朵分得很开

头部很宽阔，有着明显的折线，眼平位置则是平滑的斜线

关 键 要 素

起源时间：18 世纪

发源地：日本

祖先：家养猫

异型杂交品种：无

别名：无

体重范围：2.5~4 kg(6~9 lb)

性格：活跃、警觉

苗条的身体显得又长又直，
却十分健壮

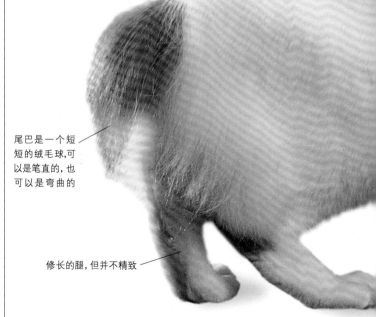

尾巴是一个短
短的绒毛球,可
以是笔直的,也
可以是弯曲的

修长的腿,但并不精致

椭圆形的大眼睛，从轮廓上能明显地看出它们的眼睛是吊梢的

红白色

　　日本短尾猫的整体外观是一条清晰的长线条。它们肌肉发达，身手十分矫健，绝无臃肿之态。它们的腿相当苗条，不过也并不是容易折断的那种。日本短尾猫的后腿比前腿长，但由于后腿是弯着的，所以在走路或者站立的时候，整个躯干基本上仍是平的。

随机繁殖猫
(Random-bred Cats)

到目前为止，一般人拥有的最常见的家猫就是这种简单的随机繁殖的家庭宠物了。即便是在有很多纯种猫的国家，这些自行选择的宠物数量也达到纯种数量的四倍多。当一些人想要某些特定品种的外观和个性特点时，随机繁殖也能满足它们的要求。对于一只猫的性格而言，后天早期的经历与血系内繁殖所得到的特点同样重要。流浪猫中只有极少数是长毛猫，因为这是隐性基因特征；但没有纯种猫祖先的安哥拉猫和缅因浣熊猫却偶然地显现了长毛的特征。

蓝色

蓝色是好几种自然品种的界定色，我们通常能在欧洲大陆的"芸芸众猫"里发现它们的身影。半外来的体形印证了它们与土耳其安哥拉这类南欧品种有着共同的"传统"。

奶油白色

在随机繁殖猫里，奶油色不像红色那样普及。但无论是哪种颜色，即便是纯色的猫都几乎无一例外地隐约会有斑纹图案。纯种猫的培育者们总是小心翼翼地减少这些印记，并持续地培育出完全纯色的被毛。不过，在随机繁殖猫里，有时也偶尔会出现毛色极其纯正的个体。

隐约的虎斑花纹

关于短毛猫的介绍

几千年前，家猫从埃及扩散到了全世界的各个角落。新的变种逐渐进化，以适应不同的生存条件。那些长着浓密的底层被毛和能抵御冬日严寒的毛发，长相矮胖结实的猫在较寒冷的气候中得到了眷顾，成为了生存的最适者。有些猫在北方的气候影响下，发展出了一种"短身型"，日后渐渐发展为英国短毛猫，并且作为基础血统在世界各地培养出各种猫。与此同时，有些猫也在穿越亚洲向东传播。在温暖的气候下，自然选择倾向于更薄的被毛和更小的体形，从而增加体表面积与体重的比率 (surface-area-to-weight ratio)，更有助于释放多余热量。这种猫现在被称为外来猫，如果身材极其修长就称之为东方型猫。

毛型方面的变异时有发生，但由于没有人类的介入，那些突变体早就已经灭绝了。有一些短毛猫品种有着一身卷曲的被毛，而首先出现的就是柯尼斯卷毛猫（见312页）。让自然猫更精致已经不再是培育的潮流，新潮流中，人们更希望能够创造出外观新颖的猫。许多这类的猫都是模仿野猫的样子而诞生的，其中奥西豹斑猫 (Ocicat) 就是一个典型代表。而孟加拉猫（见344页）则是第一只由家猫和野猫（亚洲豹猫）杂交而来的品种。

暹罗猫 (Siamese)

人们曾经只需要凭借它们的重点色图案就可以界定它们。如今，许多品种都有了这种图案，而人们也认识到暹罗猫除了重点色图案，还有精致纤长的体形，而恰恰是这一点，使它们成为了在培育者中备受争议的猫。

欧洲短毛猫 (European Shorthair)

就像它们的英国和美国亲戚一样，这种猫几百年来由随机繁殖猫自然发展而来。终于在20世纪，它们得到了培育者们的保护和延续。

异国短毛猫（Exotic Shorthair）

　　真正的异国外表，这种短毛版的波斯猫（见16页）有着与它们的父母一样的温顺个性和叫声。异国短毛猫虽然有着波斯猫的构造，却拥有绝对"原创"的被毛：既不是很短，也非半长毛。通过与其他品种的短毛猫杂交，异国短毛猫要比它们的前身更活泼、更好奇。尽管如此，它们却未能消除遗传自波斯猫的面部解剖学问题。浓密的双层被毛每周必须梳理两次。这种猫的数量目前仍十分稀少，一部分原因是由于许多猫窝中还保有大量的长毛小猫。

棕色鲭鱼纹

在波斯猫里，只有经典图案和斑纹图案是被认可的；而异国短毛猫里也只有鲭鱼条纹和斑点是被接受的。不过无论是哪一种图案，它们脸上的花纹都是一样的，只有身体上才有区别。鲭鱼纹应该是覆盖全身的竖直窄条纹。

浓密而又奢华的被毛
直立在身上

海豹重点色

与波斯猫一样，这些重
点色图案的猫被归在了
异国短毛猫内，而没能
成为一个独立的品种。
所有的色点都应该均匀
分布，而且面具应该覆
盖到整个脸部。重点色
猫的成熟时间会有所不
同，色彩比较浓重的猫，
比如海豹色，就会最先
成熟。

品种毛色

包括重点色、深褐色和水貂色在
内的所有颜色和图案

品种历史 在 20 世纪 60 年代早期，美国短毛猫（见 190 页）的培育者们就尝试将波斯猫的毛质引入自己的品种。然而有意思的是，事情恰恰相反，他们却培育出了一个新的品种，有着美国短毛猫的被毛和波斯猫紧凑的体态。就这么一不留神，"短毛波斯猫"带着一张完全平坦的"泰迪熊"的脸诞生了。为了让它们和美国短毛猫区别开来，培育者们把它们叫做"异国短毛猫(Exotic Shorthair)"，并且在它们的培育项目中使用了英国短毛猫（见 164 页）、美洲缅甸猫（见 262 页），甚至俄罗斯短毛猫（见 224 页）。CFA 在 1967 年承认了这个品种。

黑色

玩具公司每年都会制造成千上万的黑猫玩具。由于这些异国短毛猫有着乌黑发亮的被毛和明亮的金色眼睛，所以它们自然也就幸运地成为了这些玩具的最佳模特。

尾巴相对而言比较短

圆圆的大脚爪，很结实

异国短毛猫的头部

异国短毛猫继承了一些波斯猫的头部缺陷，比如容易溢满的泪腺、过于狭窄的鼻孔以及牙齿问题。为了培养出健康的猫，英国的标准要求异国短毛猫的鼻尖上沿必须低于眼平位置的下沿。

蓝色

蓝色异国短毛猫的颜色标准和蓝色英国短毛猫十分相似。将这两种猫放在一起比较一下，你就会发现它们的身体构造有多大的差别，哪怕它们都有水桶式的体形。异国短毛猫是所有短毛猫中体形最为"浑圆"的猫，因为品种的标准就要求这种猫从耳朵到脚趾的线条都是弧线。它们可爱的外表可能给人一种错觉，让人觉得它们十分柔软，事实上，皮毛之下的曲线应该都是肌肉吧！

圆圆的大眼睛

蓝奶油色

标准要求所有玳瑁色异国短毛猫身上的各种颜色相互平衡，柔和地混合在一起，并且在四脚和尾巴上都带有这两种颜色。有一些独特的补丁色或是脸上有白斑都是可以接受的。玳瑁色图案的遗传是无法预测的。

中等偏大的身体，身形较短，腿也比较短

浓密而又奢华的被毛直立在身上

关键要素

起源时间： 20 世纪 60 年代

发源地： 美国

祖先： 波斯猫 (Persian) ／美国短毛猫 (American Shorthair)

异型杂交品种： 无

别名： 无

体重范围： 3~6.5 kg(7~14 lb)

性格： 温顺、好奇

圆圆的大脑袋,有着
饱满的脸颊

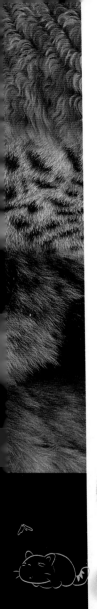

英国短毛猫（British Shorthair）

　　这种体态出众的猫沉着而又自信。尽管英国短毛猫很容易养，也十分温顺,它们却并不喜欢被人管头管脚。评委和培育者们都称之为"四只脚都在地上"的猫。丰富结实的直毛使得致密而又富有弹性的被毛给人以独特、清爽的感觉，而具有保护性的底层被毛又为它们在最冷的日子里起到了保暖的作用。这种猫具有粗壮的腿、结实的肌肉，因此它们不仅身体紧凑，体重也比较惊人。圆圆的大眼睛暗示人们，它们有着温柔的性格；不过也别忘了，它们同时也是十分成功的猎手。

经典红虎斑

最初的虎斑纹是棕色的，现在已经不多见了，不过红色的虎斑纹同样在很早就出现了。在英国，姜红色常见于非纯种猫，不过一个世纪以来的培育已经将这种颜色变成了深黄褐渐变色。

中等的耳朵，有着圆圆的耳尖

粗短的尾巴，有
一个钝尾端

银色斑点

这种醒目的图案最初出现在 19
世纪 80 年代，也是最早的图案之
一。在所有的斑纹色和图案里都
有银色的版本，但黑色是最受欢
迎的。如同在别的品种中一样，
有银色斑纹的猫总是有着榛色的
眼睛，而不是红铜色的。

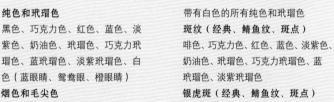

品种毛色

纯色和玳瑁色
黑色、巧克力色、红色、蓝色、淡
紫色、奶油色、玳瑁色、巧克力玳
瑁色、蓝玳瑁色、淡紫玳瑁色、白
色（蓝眼睛、鸳鸯眼、橙眼睛）

烟色和毛尖色
除了纯色和玳瑁色所拥有的颜色
外，还有金毛尖色

双色

带有白色的所有纯色和玳瑁色

斑纹（经典、鲭鱼纹、斑点）
啡色、巧克力色、红色、蓝色、淡紫色、
奶油色、玳瑁色、巧克力玳瑁色、蓝
玳瑁色、淡紫玳瑁色

银虎斑（经典、鲭鱼纹、斑点）
毛色同标准斑纹

重点色
所有的纯色、玳瑁色和斑纹色

红斑点纹

蓝斑点纹

黑烟色

啡色经典斑纹

黑色

关于黑猫的迷信说法恐怕没有一件算得上是好事，不过最近在英国，黑猫已经渐渐重新兴盛起来而且还被人们当成幸运的征兆。只有纯种猫才能看到这样清澈的金眼睛(当然也不是说非纯种猫绝对没有)，而非纯种猫通常都是绿偏榛色的眼睛。

玳瑁色

这是一种很难培育的颜色，然而却又是第一种被认可的颜色。这个品种的玳瑁色标准要求猫身上的颜色和图案均匀混合，没有明显的补丁图案，斑点或者斑纹都将被视为失误，这点上倒是与美国短毛猫的玳瑁色标准恰恰相反。

致密的短毛，让人感觉干净利落

品种历史 英国短毛猫是在 19 世纪从英国的农场、街道和家养猫中培育而来的。尽管它们曾是英国早期猫展中曝光率最高的品种，而且 Cat Fancy 的创始人 Harrison Weir 甚至还曾培育出"英国蓝猫(British 蓝色)"，无可奈何的是这种猫在世纪之交却日渐衰微，到了 20 世纪 50 年代已经几近灭绝了。好在热情的培育者们将这个血统带到了爱尔兰及英联邦各国，使这个珍贵的品种得以复活。20 世纪 70 年代，英国蓝猫到达了美国，在那里它们得到了众多的拥护者。有一个很古怪的特征让英国短毛猫和其他短毛猫区别了开来：大约半数的英国短毛猫都是 B 型血，这的确是个少见的特点。

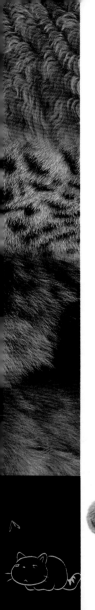

蓝色

蓝色永远都是英国短毛猫的经典颜色。这不仅是英国短毛猫最早就拥有的颜色之一，而且还从来都是最受欢迎的颜色，甚至很长一段时间里，英国蓝猫（British 蓝色）都是北美唯一承认的英国猫。但"二战"期间，这种猫的数量急剧减少，培育者们不得不将它们与东方猫杂交，再与比较相似的蓝色波斯猫交配，来拯救这个品种。

圆圆的大眼睛，通常是红铜色或是金色的

短而强壮的身体，使腿显得不是很长

橙眼白猫

这种猫实际上是从19世纪末期出现的蓝眼白猫培育而来。完美而没有一丝泛黄迹象的纯白色猫是十分罕见的。蓝眼和鸳鸯眼白猫往往会表现出天生的耳聋，所以标准便要求深蓝色眼睛的猫应尽可能避免耳聋。不过橙眼白猫就不会有这类的问题。

圆脸，有着饱满的脸颊

关键要素

起源时间： 19世纪80年代

发源地： 英国

祖先： 家养猫、街头猫和农场猫

别名： 毛尖色的猫曾被叫做"短毛金吉拉猫 (Chinchilla Shorthairs)"

体重范围： 4~8 kg(9~18 lb)

性格： 亲切、悠闲

英国短毛猫的新毛色

　　由于很早就开始进行培养了，因此英国短毛猫的范畴早已大大拓宽。有不少在"二战"前就已经出现，但近期在毛色和图案方面又有了更大的发展。在 20 世纪 50 年代，培育者们将幸存的英国短毛猫和波斯猫杂交，以确保蓝色的猫能够存活下来。波斯猫对英国短毛猫的影响使英国短毛猫交配后有时仍会生出毛茸茸的长毛小猫，当然现在这已经鲜有发生。再到后来，人们大胆地将英国短毛猫和东方型品种的猫杂交，创造出了不少讨人喜欢的新毛色。不过，它们在英国以外的地区倒并没能得到广泛认可。

黑白双色猫

中等大小的耳朵，有着
圆圆的耳尖

　　自从这个品种诞生起，就出现了不少双色猫，而这个品种的展出标准定出了一条几乎不可能达到的要求：花纹应该呈对称状。随后的标准修订版当然修改了这一条，不再如此苛刻地要求白色部分的被毛分布，这受到了培育者的广泛接纳。

黑毛尖色猫

1978 年以前，人们一直将这种猫认作金吉拉短毛猫，因为它们是金吉拉波斯猫交配而得来的。在这些小猫换上成年被毛之前，波斯猫的遗传特征一直十分明显。

厚实的被毛会干脆利落地自动分开

玳瑁色与白色

与纯玳瑁色不同，这种图案有着独特的红黑补丁色。出于某些仍未知的原因，双色基因影响着红色伴性基因，使得玳瑁色与白色中无法产生混合色。被毛颜色的平衡应该是白色占整体的 1/3 ~ 1/2。

适中的肩宽和宽阔的胸部

巧克力色小猫

这种深棕色的基因其实最初是来自东方猫，杂交把这种颜色带到了波斯猫品种中，随后又来到了英国短毛猫身上。由于它们的祖先来自异型杂交，这种颜色在英国以外的其他地区并未得到广泛承认。

奶油色

作为纯红色的浅色版，奶油色自20世纪20年代起就获得了承认。培育者们并不知道如何才能培育出奶油色的猫，而且早期的奶油色比较深，更接近于红色，即便现在，要培育一只离红色较远的优秀浅奶油色猫也需要耗费大量的精力。

紧凑、扎实的
圆脚爪

紧凑的圆脚爪

厚实而又清爽的被毛

海豹重点色小猫

这种猫只是在 20 世纪 90 年代的时候被英国接受过。作为和暹罗猫杂交的成果，无论从什么方面来看，它们都很像英国的短毛猫，而不是异国短毛猫。

蓝奶油重点色

和纯色的一样，玳瑁重点色的斑点上也应该表现出均匀混合的色彩。理想的情况下，每一个色点都应该有几种颜色混合着。尽管血统中有东方猫的影响，这种猫却有着英国祖先那种安静的天性。

圆圆的脑袋上有着饱满的脸颊

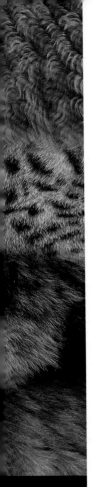

曼岛猫（Manx）

　　无尾应该算是这种猫可以看到的最大特征了，不过别忘了，它们"兔跳"的步态也一样很特别。如果要用一个什么词来形容的话，那就是"圆"了——圆圆的身体、圆圆的眼睛、圆圆的屁股，还有圆圆的脑袋。晚熟的曼岛猫有着极为丰富的毛色和花纹。曼岛猫分为三种："Rumpy"（在脊椎末端有一个小坑，而没有尾巴）；"Stumpy"（有个短尾巴）和"Tailies"（几乎是天生的一团尾巴）。Stumpy 和 Tailies 都是出色的宠物，有着腼腆但友好的个性，而参展猫都是 Rumpy。

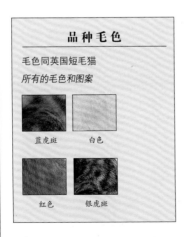

品种毛色

毛色同英国短毛猫

所有的毛色和图案

蓝虎斑	白色
红色	银虎斑

耳朵很长, 位置较高, 有着圆圆的耳尖

身体结实而又紧凑, 背部很短

棕色经典斑纹与白色

尽管曼岛猫的后腿总是弯着的, 但它们明显还是要比前腿长, 这不仅让这种猫看上去更"圆", 还为它们带来了另一个特征: 跳跃的步态。

黑白猫

英国猫中的常见组合，对于展台猫而言，这种被毛不能出现任何模糊或是斑点。你看到的这只短尾巴矮胖子(Stumpy)并不适合展出，因为它有一个"残留的"短尾巴。

关 键 要 素

起源时间：18 世纪以前

发源地：曼岛

祖先：家养猫

异型杂交品种：无

别名：无

体重范围：3.5~5.5 kg

（8~12 lb）

性格：悠闲而稳重

玳瑁色

就像在其他所有品种中一样，英国的协会与北美的注册机构口味再一次不同，英国协会喜欢混合得更为柔和的玳瑁色图案。图里的这只猫是个Stumpy，有着粗短的尾巴，理所当然地也就不适合任何注册机构的猫展了。

厚厚的双层被毛，有着比图案更重要的品质保证

棕色玳瑁斑纹

在所有的品种中，曼岛猫是最为矮胖的猫之一。GCCF 的展出标准要求这种猫的"胸襟宽阔"，而 CFA 的标准索性将它们身体和腿之间的部分描述为"广场"。所有注册机构的展出标准都要求必须是圆屁股的那种无尾个体。

圆圆的大脑袋，有着长度适中的鼻子

臀部摸上去没有明显突出的骨骼或软骨

曼岛猫的头部

曼岛猫的圆脸充分显示出它们的根源来自典型的英国随机繁殖猫。它们的头部应该很宽阔，有一个平直的鼻子和一个结实的下巴。

耳朵向外翻

眼睛的颜色与毛色保持一致

品种历史　顾名思义，曼岛猫当然是起源于英属曼岛。"无尾"作为一种自然突变偶尔会在猫科动物身上发生，不过在一个庞大的群体中，这种突变很快就被湮没了，然而如果是在这样的一个小岛种群中，则完全有可能保存下来，这也就是曼岛猫和日本短尾猫（见150页）得以发展的原因所在。早先，传统的曼岛猫更高更瘦，而现在人们把它们培育成圆头圆脑的样子。19世纪晚期，它们首先在英国的猫展上亮相，而到了1899年，它们也开始出现在北美猫展上。CFA在20世纪20年代承认了这种猫。

塞尔凯克卷毛猫（Selkirk Rex）

在这种小猫刚出生的时候，就表现出松软、厚厚的精致绒毛，然而随后便很快消失了；一直到了8~10个月的时候，才又会重新显现出来。尽管它们所有的被毛都是卷曲的，并且需要日常的梳理，但如果过度打理（尤其是在洗澡后），会让它们的毛发变直。在身体构造方面，这种耐心而又悠闲的猫恐怕与英国短毛猫是最为相似的，尤其是它们腿的长度。这种猫有两种不同的版本：华贵的短毛和更为诱人的长毛（见82页）。通常，其他的卷毛猫都有容易生病的问题，不过现在还没有发现是否所有的塞尔凯克卷毛猫都有这种问题。塞尔凯克猫和绝大多数卷毛猫都不一样，它们的卷毛基因是显性的，所以当它们和其他品种的猫交配来扩大基因库时，仍有50%的概率会生出一窝小卷毛猫。

品种毛色

包括重点色、深褐色和水貂色在内的所有毛色和图案

红虎斑和白色

黑色和白色

渐变银色

塞尔凯克卷毛猫的头部

其他品种的卷毛猫一般都明显有着东方猫那样的头部，而塞尔凯克卷毛猫的头部却看上去与西方猫更为相近：饱满的脸上有着结实的下颚、圆圆的眼睛和短短的鼻吻，只是卷曲的胡须比较脆弱。

大小适中的尖耳朵, 位置分
得比较开

圆脑袋, 接近鼻子的地方
有个特殊的凹点

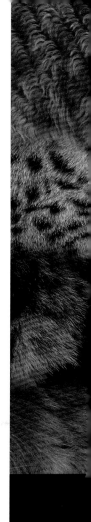

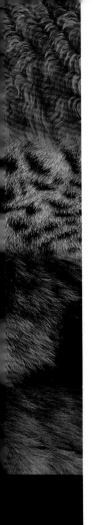

关键要素

起源时间： 1987 年

发源地： 美国

祖先： 救助的猫、波斯猫、异国短毛猫、英国短毛猫、美国短毛猫

异型杂交品种： 波斯猫、异国短毛猫、英国短毛猫、美国短毛猫

别名： 无

体重范围： 3~5 kg(7~11 lb)

性格： 宽容、有耐心

黑烟色

和其他的卷毛品种一样，塞尔凯克卷毛猫可以将烟色和渐变色表现得很完美。与纯种猫的交配可以让它们更好地利用那些已经培养了几十年的特点（比如，红铜色的眼睛），用更短的时间就可以在自己身上表现出来。

品种历史　历史上，总是有无数次的突变会不期而至，只要人们有足够的兴趣，新的品种就会从这些突变中发展起来。塞尔凯克卷毛猫正是猫家族成员中最新的一员。1987 年，一只雌性的三花小猫在美国蒙大拿州的 For Pet's Sake 宠物救助中心降生。在一窝 7 只小猫中，这是唯——只有着卷毛卷胡子的小家伙，培育者 Jeri Newman 给这只小猫起了个名字叫 Depesto of NoFace 小姐。后来，它产下一窝 6 只小猫，其中有 3 只也是卷毛的，这表明卷毛基因是显性的。人们不禁推测，Pest 自己应该就是基因突变者。此后，包括它与自己的一个儿子的交配结果都表明它身上还带有长毛和重点色的隐性基因。Jeri 以附近一条山脉的名字——塞尔凯克命名了这种猫。塞尔凯克猫获得了 TICA 的承认。

圆圆的眼睛，
分得很开

被毛比较厚，长度
适中，带着松软的
小卷

中等身材，但却有着
良好的肌肉组织

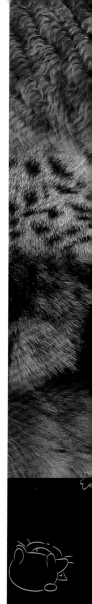

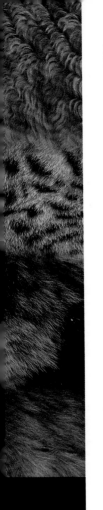

苏格兰折耳猫（Scottish Fold）

圆头圆脑的样子、短短的脖子和紧凑的身体,让这种猫显得非常特别,但最让它们与众不同的还是它们折起的耳朵。它们独特的耳朵是因为显性基因而引起的,这种基因同时还会引起折耳程度的不同。最初的那种折耳猫现在称作"单折(Single Fold)",它们的耳朵只是向前弯曲;而今天用于展览的折耳猫耳朵完全紧贴头部,称作"三折(Triple Fold)"。时至今日,直耳猫在培育健康的折耳猫的过程中仍是不可或缺的。这种猫的个性比较安静,它们内敛的行为方式正好与它们含蓄的外表相称。

折耳猫的脑袋

苏格兰折耳猫的耳朵应该像帽子一样,平贴在脑袋上。紧密折起的小耳朵是最理想的。它们的脸上应该有十分甜美的表情。

折叠着的耳朵,有着圆耳尖

眼睛又大又圆

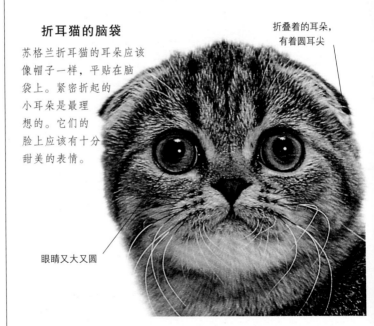

棕色经典斑纹

折耳猫独特的耳朵从生下来就有，但折起的程度会随着年龄的增大而愈加明显。至于骨骼的问题可能和基因的纯合性[纯合性(Homozygosity)，就是指纯合基因型，其等位基因呈同质状态，如AA、aa,可以真实遗传]有关，这在幼年的时候表现得并不明显，但当猫成熟的时候，异常的骨骼生长问题就会显现出来。

品种毛色

包括重点色、深褐色和水貂色在内的所有颜色和图案

身体不仅结实而且灵活

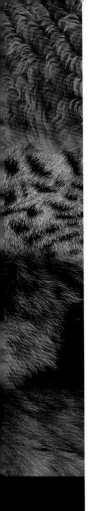

品种历史　折耳在狗中间是很常见的现象,不过在猫家族中则极其少见。折耳猫之母——Susie 是降生在苏格兰 Tayside 的一只农场猫。当地的牧羊人 William Ross 及其妻子 Mary 得到了 Susie 生出的一只小猫,并给它起名叫 Snooks。在与一只英国短毛猫(见 164 页)交配后,她生下了一只白色的公猫——Snowball,这个小家伙日后参加了当地的猫展。1971 年,Mary Ross 将一些折耳猫送到了马萨诸塞州 Newtonville 的基因学家 Neil Todd 那里。在英国短毛猫和美国短毛猫(见 190 页)的帮助下,折耳猫开始了在美国的发展,并于 1994 年被完全认可。在英国,跛足的纯合(Homozygous,如果一对从父母双方那儿继承的基因相同,这对基因被称为"纯合")折耳猫是被拒绝认可的。

关键要素

起源时间:1961 年
发源地:苏格兰
祖先:农场猫、英国短毛猫、美国短毛猫
异型杂交品种:英国短毛猫、美国短毛猫
别名:无
体重范围:2.5~6 kg(6~13 lb)
性格:安静、自信

蓝玳瑁斑纹与白色

折耳猫的评分体系将主要的注意力都集中在了身体外形上。首先它们的耳朵应该向鼻子方向折起;而仅次于耳朵的就是尾巴,任何一点缩短或是僵硬都表明骨骼发育存在问题。折耳猫标准中所有的内容都是要求培育出健康、匀称并且柔软的猫。

长长的尾巴,向尾尖逐渐变细

圆脑袋,有着一个较短的塌鼻子

致密的短毛

美国短毛猫
（ American Shorthair ）

　　在美国，无论是在家中还是猫展上，这种自负的猫都十分受欢迎。美国短毛猫的体形会十分大，方正的脸和健壮的身体都显示出它们的强壮。美国短毛猫与家猫还有许多共同的特点，而培育者们的目标就是培育出拥有这些优点中最出色部分的小猫。有一段时间，任何符合标准的非优秀纯种猫都可以进行注册，尽管现在已经不被允许，但这却扩大了它们的基因库。

大脑袋，长度比宽度略长些

品种毛色

纯色和玳瑁色
黑色、红色，蓝色、奶油色、白色、
玳瑁色、蓝奶油色
所有其他纯色和玳瑁色

烟色
黑色、玛瑙色、蓝色、玳瑁色、
蓝奶油色
除白色外，所有其他纯色和玳瑁色

渐变色和毛尖色
除白色外，同纯色和玳瑁色
除白色外，同纯色和玳瑁色

斑纹色（经典、鲭鱼纹）
啡色、红色、蓝色、奶油色、啡
补丁色、蓝补丁色
*斑点和间色图案，所有纯色和玳
瑁色*

虎斑双色
所有带白色的斑纹色

虎斑渐变色
毛色与图案同标准斑纹

双色（标准和梵色）
除白色外，同纯色和玳瑁色

烟色、渐变色和毛尖双色
带白色的黑烟色、玛瑙烟色、蓝烟色、
玳瑁烟色、渐变玛瑙色、贝壳玛瑙
色
*所有带白色的其他烟色、渐变色和毛
尖色*

银虎斑双色
带白色的银虎斑、玛瑙色虎斑、
银补丁色虎斑
所有带白色的银虎斑色

厚厚的短毛，毛质很硬

棕色经典斑纹小猫

在 CFA 的要求中，只有经典斑纹或者
条纹是可以被接受的；而 TICA 还接
受斑点及间色图案。经典斑纹一度在
这个品种的移民祖先中十分盛行，这
说明了它们曾与古老的贸易途径有着
密切的联系。

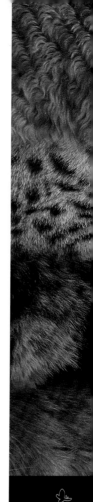

关键要素

起源时间：20世纪

发源地：美国

祖先：家猫

异型杂交品种：无

别名：曾叫做"短毛家猫 (Domestic Shorthair)"

体重范围：3.5~7 kg(8~15 lb)

性格：随和

身体结实有力，十分健壮

圆圆的大眼睛，微微上挑

银虎斑

银虎斑是一种很流行的颜色，在纯银的底色上有着深黑色的花纹。1965 年，一只银虎斑赢得了"全美年度最佳猫咪"大奖，这也促使了这个品种的名字从原来的"本土短毛猫"变成了"美国短毛猫"。

腿部长短适中，但肌肉很发达

黑烟色

1904 年，Buster Brown——第一只"完全的美国猫（all-American cat）"正式注册为美国短毛猫，这是一只有着街头猫血统的黑烟色猫。

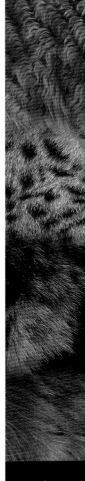

明亮的金眼睛十
分受欢迎

蓝奶油色

几乎所有的玳瑁色猫都是雌性的，她们通常都要比雄性轻了很多，而且有一张更为精致的脸。和北美其他的标准一样，美国短毛猫的标准也要求有清晰可辨的无斑纹色补丁。

尾巴的长度适中，
尾根部位比较厚

品种历史　　　家猫随着最初的殖民者来到了北美洲，新的环境也促使了一种新的猫的诞生。它们有着浓密、粗厚的被毛，来抵御这里的湿冷气候。由于有更多的天敌，这些猫变得比欧洲的猫要大一些。20世纪早期，一些美国的培育者们忽然意识到它们的家猫有着十分优秀的特点，应该以一个品种的形式稳定保留下来。第一窝小猫诞生于1904年，是美国及英国短毛猫的杂交后代。这个品种在1965年才获得了它们现在的名字。

柔和的鼻凹陷

脖子不算长，
但很健壮

玳瑁色与白色

这种被毛图案在北美就被通称为"三花(Calico)"。这个别名从最早的猫展开始就有了，之所以会给它们起这么个名字，是因为它们的被毛图案很像是曾经在印花布上染着的一种很常见的图案。

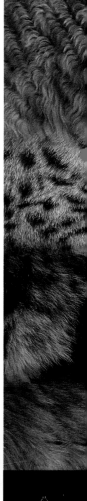

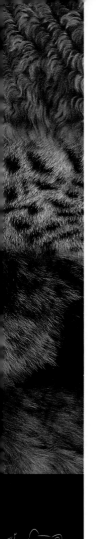

美国硬毛猫
(American Wirehair)

　　这种猫最引人注目的特征当然就是它们的被毛。它们的被毛有种独特触感，摸上去就像是阿斯特拉罕羔羊毛的帽子。每一根毛都比一般的毛发要纤细，卷曲、勾起或是弯曲着，给人以"硬毛"的整体印象。最出色的被毛应该是致密而又粗糙的，但一只生来就有着小卷毛的小猫，成熟后只会有波状的被毛；而生来只有轻微硬毛的小猫，其硬毛却会在随后的一年里不断生长和发展。有着卷胡子的猫则更是极其名贵。美国硬毛猫是种悠闲而又友好的品种，它们的拥护者们说它们几乎没什么破坏性，并愿意受管束。

品种毛色

纯色和玳瑁色
黑色、红色、蓝色、奶油色、白色（蓝眼睛、金眼睛、鸳鸯眼），玳瑁色、蓝玳瑁色
所有其他的纯色和玳瑁色

烟色
黑色、红色、蓝色
除白色外，所有其他的纯色和玳瑁色

渐变色和毛尖色
渐变银色、渐变玛瑙色、金吉拉银色、贝壳玛瑙色
所有其他的纯色和玳瑁色

斑纹（经典、鲭鱼纹）
啡色、红色、蓝色、奶油色
所有其他纯色和玳瑁色

渐变斑纹
银色、奶油色
所有其他斑纹色

双色
带白色的纯色和玳瑁色
带白色的所有颜色和图案

啡色斑纹

蓝色

白色

红色经典斑纹与白色

雄性的硬毛小猫最初培育出的特征就是红白色。除了银色外，CFA 要求所有毛色的猫都有一双明亮的金色眼睛，不过 TICA 没有硬将眼睛颜色和毛色扯上关系。

紧致的被毛长度适中，
很有弹性

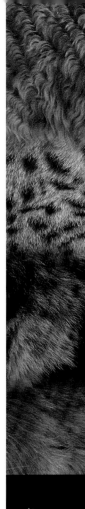

圆圆的脑袋上有着高高的颊骨

平直的背部和丰满的躯干

品种历史　这个品种始于1966年出生在纽约的一只小猫。培育者 Joan O'shea 得到了一只小公猫和他的姐姐（普通被毛）。通过一次精心的培育项目测定出这是一次显性基因的突变。这个品种需要通过与美国短毛猫的杂交来得以发展。1967年，美国硬毛猫有了自己的品种标准。

关键要素

起源时间： 1966年
发源地： 美国
祖先： 农场猫、美国短毛猫
异型杂交品种： 美国短毛猫
别名： 无
体重范围： 3.5~7 kg(8~15 lb)
性格： 爱管闲事，有时喜欢做老大

长锥形的尾巴有着一个圆尾尖，但并不钝

结实的腿部长度适中，有着紧凑的圆脚爪

黑烟色与白色

烟色双色猫在视觉反差上要比纯双色猫来得柔和得多。对于绝大多数的短毛猫而言，只有当猫运动的时候，它们的下层被毛才是可见的；但美国硬毛猫却无论在什么时候都有那么一点白色在闪耀着。

美国反耳猫（American Curl）

这个优雅的品种有长毛和短毛两种类型。相比之下，短毛的美国反耳猫需要更长的时间来进行培养。因为最初的反耳猫（见70页）都是长毛的，很多短毛猫的基因中也隐藏着长毛的基因，而且经常会生出长毛的小猫。耳朵的形状对培育者们而言十分重要。反耳猫有三个级别：耳朵向后翻的猫（第一级别）通常会成为宠物；而那些耳朵反转度更高的猫（第二级别）则会被用来培育；最后，耳朵成新月形的猫（第三级别）会参加猫展。

品种毛色

纯色和玳瑁色

黑色、巧克力色、红色、蓝色、淡紫色、奶油色、白色、玳瑁色、蓝奶油色

所有其他纯色和玳瑁色

烟色

除白色外，毛色同纯色和玳瑁色，并增加巧克力玳瑁色

所有其他纯色和玳瑁色

渐变色和毛尖色

渐变银色、渐变金色、渐变玛瑙色、渐变玳瑁色、金吉拉银色、金吉拉金色、贝壳玛瑙色、贝壳玳瑁色

所有其他纯色和玳瑁色

斑纹色（经典、鲭鱼纹、斑点、间色）

啡色、红色、蓝色、奶油色、啡补丁色、蓝补丁色

所有其他颜色

被毛柔软而又紧密，有着极少的底层被毛

尾巴和身体一样长，尾根的部分比较宽，向尾尖慢慢变细

关键要素

起源时间：1981年

发源地：美国

祖先：美国家养猫

异型杂交品种：无

别名：无

体重范围：3~5 kg(7~11 lb)

性格：安静、友善

身体有着半外来的体形，肌肉比较发达

银间色条纹

反耳猫的标准要求在它们脸上、腿上和尾巴上有独特的条纹，而在其他品种中，这种图案的猫应该没有这类的条纹。TICA认可这类银色的图案，而CFA不承认。

品种毛色

银虎斑（经典、鲭鱼纹）

银色、巧克力银色、玛瑙色、蓝银色、薰衣草银色、奶油银色、银补丁色

所有其他标准斑纹色、斑点和间色图案

双色（经典和梵色）

带白色的黑色、红色、蓝色、奶油色，三花、浅三花

带白色的所有其他颜色

虎斑双色

毛色同标准斑纹

纯色和玳瑁重点色

海豹色、巧克力色、火焰色、蓝色、淡紫色、奶油色、玳瑁色、巧克力玳瑁色、蓝奶油色、淡紫奶油色

所有其他颜色、深褐色和水貂色图案

山猫（斑纹）重点色

除红色外，同纯色和玳瑁重点色

所有其他颜色、深褐色和水貂色图案

反耳猫的成长

所有的美国反耳猫生出来的时候耳朵都是直的，在 2~10 天大的时候耳朵会向后弯，但随后又会有时弯有时不弯。直到大约 4 个月大小的时候，它们的耳朵才会永久地定型下来。

品种历史　　几十年来，这种猫都是北美最有人气的宠物，而加州则是这个品种培育计划最活跃的地方。这个新品种的猫来自于一只名叫"Shulamith"的黑色长毛流浪小猫。它的孩子中有一半表现出了这种特征，于是我们可以判断这应该是显性基因特征。这些小猫随后也就参与了正式的培育项目。所以，如同它们的长毛亲戚一样，所有的短毛反耳猫也都来源于这位"Shulamith"和它的小猫们。在参展标准中，它们与波斯猫的区别仅在于被毛。

耳朵至少会弯曲90度，形成一条柔和的弧线

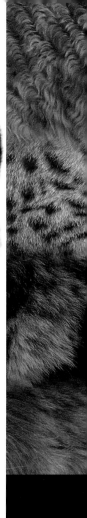

曼基康猫（Munchkin）

　　尽管培育者们声称侏儒化并不会为这些猫带来任何问题，但短腿的曼基康猫（无论长毛版还是短毛版）都引起了史无前例的争论。这种猫还需要经过严格的健康调查才能获得人们的认可，但许多培育者仍觉得曼基康并不怎么像猫。尽管它们调皮的天性无疑属于猫科动物，但它们却又在解剖结构上代表着与一般猫科动物的完全背离。那些喜欢将猫视作可爱的宠物的人，可能对这种猫也会改变看法。

品种毛色

包括重点色、深褐色和水貂色在内的所有毛色和图案

经典红虎斑　　玳瑁色和白色　　黑色

棕色斑点纹

在这个品种的标准中，毛色和图案相对而言并不是很重要，仅体形就占到了一半的分数。曼基康猫最吸引人的地方可能就在于即便是一只成年猫，它们的身体比例仍然像小猫一样。相对身体而言，它们的腿显得十分短。

三角形的脑袋，中等长度的鼻子

粗壮结实的脖子，肌肉很发达

腿部很短，肌肉发达，但并不是那种畸形的短

紧凑的圆脚爪，指向正前方

红色斑点纹

从许多方面来看，曼基康猫倒是跟松鼠更相似，不仅因为它们的步态，还因为它们喜欢前肢悬空的直立坐姿。这种独特的坐姿也让它们看上去显得更加古灵精怪。

曼基康猫的头部

这个品种的标准追求的是一只温和的猫，所以它们的头部应该既不是很圆也不是三角形，既没有宽厚的下颚也没有外来的长相。任何毛色和图案都是允许的。

直立着的耳朵相对比较大，耳根部分很宽

胡桃形的大眼睛，轻微往上挑

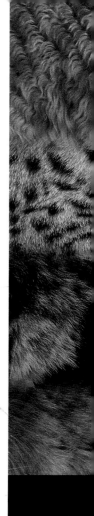

品种历史　　曼基康猫在北美的培育历史只有 10 年左右。在经过一系列的健康调查之后，TICA 在 1995 年认可了这个品种。尽管有不少培育者正在尝试让它们和纯种猫交配，以生出卷毛或是反耳的曼基康小猫。但遗憾的是，这些培育项目未能获得广泛的支持和批准，而得到的成果也迟迟未被认可。

雪鞋猫（Snowshoe）

　　雪鞋猫以它们最明显的特征——"白手套"而命名。这种猫结合了暹罗猫（见 280 页）的重点色和白色斑点，获得了活泼的白爪子。这个品种的猫有两种图案：一种是戴着"手套"，部分白色；另一种则是双色的，在脸部和身体上有更多的白色。白手套可能是遗传自这个品种的美国短毛猫（见 190 页）祖先，也可能是来自暹罗猫的那一边（白色的脚趾在早期曾被认为是培育暹罗猫中的一个失误）。雪鞋猫不仅很热情，还喜欢群居。尽管它们的话不少，不过总是柔声细气的。

尾巴不是很粗，微微呈锥形

关键要素

起源时间：20 世纪 60 年代

发源地：美国

祖先：暹罗猫、美国短毛猫

异型杂交品种：纯黑色暹罗猫、传统纯黑色及双色美国短毛猫

别名：无

体重范围：2.5~5.5 kg
(6~12 lb)

性格：活泼、友好

海豹双色小猫

白色的部分不得超过全身 2/3 的区域。它们的身体应该是彩色的，较浅的下半部应该表现出精巧细微的明暗变化，不能有孤立的白色斑点。

品 种 毛 色

手套形
海豹色、巧克力色、蓝色、淡紫色
双色
所有带白色的手套形毛色

头部很宽,略呈楔形;从轮廓上
看有轻微的凹线

半外来猫体形,大小适中,
肌肉组织也比较好

耳朵延续了面部的线条

雪鞋猫的脸部

从雪鞋猫的脸部，我们就能判断出它们到底是戴手套的还是双色的。脸上有白色倒"V"字的就是双色猫；而脸上少点什么的就是戴手套的猫。身体上白色部分的多少决定了模样的好坏。

品种历史　20世纪60年代，费城的培育者Dorothy Hinds Daugherty开始让她的暹罗猫和美国短毛猫进行杂交。起初，这种混血遭到了不少暹罗猫培育者的反对，因为人们用了几十年的时间才从暹罗猫身上根除了那些讨厌的斑点，而现在这些斑点可能又有机会趁虚而入回到暹罗猫的血统里来。尽管今天在很多品种中，我们已经都能见到重点色了，但是在那个时候，重点色仍然只是暹罗猫的"注册商标"。直到80年代，雪鞋猫获得TICA承认的时候，几乎仍是不为人知的。当然，从那以后雪鞋猫也开始聚集越来越多的人气了，只是数量仍十分稀少。目前，除了TICA以外还没有其他主流注册机构承认这种猫。

蓝手套

手套图案称得上是雪鞋猫的"经典"图案了。前脚爪和后腿跗关节以下都是白色，脸上也可以有一些白色的部分，但白色的部分不应超过全身的1/3。红色和肉桂色的伴性基因似乎并不存在于雪鞋猫身上。

紧密顺滑的短毛，有着不明显的底层被毛

欧洲短毛猫
(European Shorthair)

也许不难想象，一种能将整个欧洲大陆当作自己家的猫理应是广受追捧的。然而欧洲短毛猫的名气却是既不如英国短毛猫，又比不上美国短毛猫。自这个品种建立起来的这些年，它们渐渐不再像英国型的猫那样"圆润"，而是有了一张有点长而且没有很多垂肉的脸，这或许更像是那些生活在较为温暖的欧洲国家的典型的猫。尽管它们与英国猫有着很多共同之处，然而它们却更为健壮、坚强，有着能够适应各种气候的被毛。它们的个性更为沉着而又不失热情，这是一种相对安静的猫。

品种毛色

纯色和玳瑁色
黑色、蓝色、红色、奶油色、玳瑁色、蓝玳瑁色、白色（蓝眼睛、鸳鸯眼、橙眼睛）

烟色
除白色外，毛色同纯色和玳瑁色

斑纹色（经典、鲭鱼纹、斑点）
啡色、蓝色、红色、奶油色、玳瑁色、蓝玳瑁色

银虎斑色（经典、鲭鱼纹、斑点）
毛色同标准斑纹

双色（标准或梵色）
带白色的纯色和玳瑁色

带白色的烟色、毛尖色和斑纹色

啡虎斑

蓝奶油色和白色

海豹重点色

蓝重点色

和英国短毛猫一样，欧洲短毛猫也是从暹罗猫（见280页）"引进"了它们的重点色图案。与顺毛的暹罗猫相比，它们的身体会表现出更多的明暗变化，并且随着年龄的增加颜色越深。

健壮的脖子

短短的身体中等偏大，肌肉发达

奶油阴影贝壳色虎斑

抑制基因并不总是创造出银白的毛色，有时候，底层被毛也会保有一些奶油色的基调，这些条纹被称作"渐变色"而不是"银色"。尽管培育奶油色的猫是让它们看起来比红色更"清爽"一些，但一只奶油渐变色的猫看起来其实也同样很"温暖"。

中等大小的耳朵，有着圆形的耳尖，直立在脑袋上

品种历史　　1982 年以前，欧洲短毛猫一直被归类为英国短毛猫。FIFé 给了它们一个独立的分类，它们实际上从开始起就是个"现成的品种"，有着完备的毛色、成型的体系及已知家族史的培育血统。尽管有着这么多的优势，但也许因为这种猫与英国短毛猫和美国短毛猫实在太相似了，它们没能激发培育者们的想象力，所以数量也就一直很稀少。这个品种现在已经开始进行选择培育了，在纯种猫中，欧洲短毛猫已经不再允许和英国短毛猫进行杂交。GCCF 及欧洲以外的主流注册机构都没能认可这个品种。

黑银鲭鱼纹

这个品种有着三种"传统"的图案——经典纹、鲭鱼纹以及斑点。银黑斑纹猫由于其被毛的反差色而广受人们欢迎。身体两侧的花纹应该是对称的。

一双圆圆的大眼睛，眼睛的颜色与毛色相称

致密的短毛直立在身上

红银鲭鱼纹

银斑纹色中，纯净的底层被毛闪烁着白色，使这个毛色的猫有了更为清爽的调子。

关键要素

起源时间： 1982 年

发源地： 欧洲大陆

祖先： 家养猫、英国短毛猫

异型杂交品种： 无

别名： 无

体重范围： 3.5~7 kg(8~15 lb)

性格： 智慧而又含蓄

中等长度的尾巴，尾根很粗，向着圆形的尾端慢慢变细

玳瑁烟色

在玳瑁图案的欧洲短毛猫里，黑、红及奶油补丁色应该被明确被定义为补丁色，而不是微妙的混合色。但由于它们的毛发并不柔顺，白色的底层被毛很容易就会被察觉到，不过客观上也轻微地冲淡了这个颜色。

头部介于三角形和圆形之间，有着清晰的吻部

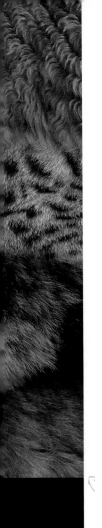

夏特尔猫（Chartreux）

与其成为一个冲动的生活参与者，宽容的夏特尔猫更愿意成为一个敏锐的生活观察者。与绝大多数猫相比，不算特别"健谈"的夏特尔猫会发出很尖的喵喵声，并且偶尔还会像鸟一样啾啾叫。它们的短腿、矮胖身材和浓密的短毛掩盖了它们的真实体形，夏特尔猫实际上是晚熟、有力的大个子。尽管它们是很好的猎手，不过它们却不是优秀的斗士。在争斗和冲突中，它们宁愿选择退却而不是进攻。关于给夏特尔猫起名字，还有个约定的小密码：每一年都有一个指定的字母（除了 K, Q, W, X, Y 和 Z），而猫的名字的首字母便是其出生年对应的这个字母。比如，一只猫生于 1997 年，那么它的名字就会以 N 开头。

蓝色雄性

雄性的夏特尔猫要比雌性大了许多，身体也重很多，当然，它们也不是像水桶一样。随着年龄的增长，它们同样也会有明显的下颚，这样会让脑袋看起来更宽。

品种毛色
纯色
蓝色

圆锥形的尾巴，尾根很粗，尾端很圆

耳朵的位置
很高

夏特尔小猫

夏特尔猫要花上两年的时间才达到完全成熟。在成熟之前，它们的被毛会比理想中更为纤细、丝滑。当它们还很小的时候，它们的眼睛并不十分明亮，但随着身体的不断成熟，它们的眼睛就会越来越清澈，直到年老的时候再渐渐变得黯淡下去。

身体很强壮，肌肉很紧密

头部很宽，但是并不圆，额头位置较高

圆圆的大眼睛，呈现出金色或是红铜色

关键要素

起源时间：18 世纪以前

发源地：法国

祖先：家养猫

异型杂交品种：无

别名：无

体重范围：3~7.5 kg(7~17 lb)

性格：宁静、体贴

夏特尔猫的头部

夏特尔猫的头很宽，但是并不是一个"球体"。它们的吻部比较窄，但圆圆的胡须垫和结实的下颚让它们的脸看起来不会显得太尖。从这个角度看起来，它们通常都应该是面带微笑的可爱表情。

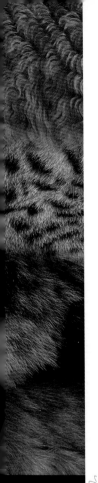

品种历史　　夏特尔猫的祖先很可能来自叙利亚，跟随着船只远涉重洋，来到了法国。到了 18 世纪，法国的博物学家布冯 (Buffon) 不仅将它们称为"法国之猫 (cat of France)"，还给了它们一个拉丁文名字：Felis catus coeruleus。"二战"以后，这种猫几乎绝迹，好在夏特尔猫与蓝色波斯猫（见 16 页）或是英国蓝猫（见 168 页）还有杂交的混血幸存者，只能通过它们才重新建立起了这个品种。20 世纪 70 年代，夏特尔猫到达了北美，反而是欧洲很多国家不再培育夏特尔猫了。同样是在 70 年代，FIFé 将夏特尔猫与英国蓝猫统称为夏特尔猫，甚至一度将英国和欧洲所有的蓝猫都叫做了夏特尔猫，不过后来又将它们拆散，分别对待了。

腿部短而结实，但并不粗

均匀的蓝灰色, 色调从浅灰色渐变为石板色(暗蓝灰色)

夏特尔猫的体形

夏特尔猫的体形既不浑圆也不太苗条, 这被称作"原始体形"。至于其他诸如"火柴棍上的土豆"之类的绰号是因为它们有四条相对比较纤细的腿骨。事实上, 今天我们所见到的夏特尔猫和它们的祖先差异并不是很大, 因为历史上对它们的描述至今依然存在于品种标准中。

粗短的脖子

圆爪子相对身体而言很小

俄罗斯短毛猫
(Russian Shorthair)

俄罗斯短毛猫的起源，便是有些含蓄而又绝对高贵的俄罗斯蓝猫。这种小心翼翼的猫对周遭环境的改变十分敏感，而且它们对陌生人的态度也十分克制。它们最为突出的特点就是它们充满光泽的被毛和绿宝石般的翠绿色眼睛。柔软、致密而又保暖的双层被毛摸上去感觉十分独特。在英国的标准中，它们被称为"俄罗斯猫最真实的标准"。那双正宗俄罗斯眼睛的标志色其实起源并不早。1871 年英格兰水晶宫猫展中，俄罗斯蓝猫还是一双黄色的眼睛；直到 1933 年，那个品种的标准才要求眼睛的颜色"尽可能达到生动的绿色"。这种猫属于破坏性最小的那一类，它们是理想的室内猫。

关键要素

起源时间：18 世纪以前

发源地：可能是俄罗斯的阿尔汉格港 (Port of Archangel)

祖先：家猫

异型杂交品种：无

别名：阿尔汉格猫 (Archangel Cat)、外来蓝猫 (Foreign Blue)、马耳他猫 (Maltese Cat)、西班牙蓝猫 (Spanish Blue)

体重范围：3~5.5 kg(7~12 lb)

性格：内向并且警惕

俄罗斯蓝

对于俄罗斯蓝猫而言，这种颜色是一种均匀的蓝色，同时还闪烁着银色的光泽。这种光泽让它们的被毛看上去熠熠生辉。甚至许多培育者都认为，它们的毛发梳理得越少便越有光彩。

从耳朵到眼睛的
距离要比从眼睛
到鼻子的距离还
要长

杏仁形的大眼睛分
得很开

身体肌肉发达,
但并不粗短

腿部修长,但并不
纤细

品种历史　　19 世纪，一些跟船的猫随着船只从俄罗斯的阿尔汉格港来到了英国，传说俄罗斯蓝猫便是这些猫的后代。1893 年，在 Harrison Weir 的书《我们的猫》(Our Cats) 中提到了俄罗斯蓝猫这个名字，但从 1917 年的俄国革命起，到 1948 年为止，人们都只知道它们叫做"外来蓝猫 (Foreign　蓝色 s)"。现代的俄罗斯蓝猫不仅有着英国蓝猫（见 168 页）的血统，甚至有些还有蓝重点色暹罗猫（见 281 页）的血统。在瑞典和英国培育者们的努力下，这个品种终于在 20 世纪 50 年代得以复活。在新西兰和欧洲，人们还培育出了黑色和白色的版本，但它们没有得到 FIFé 或任何北美组织的认可。

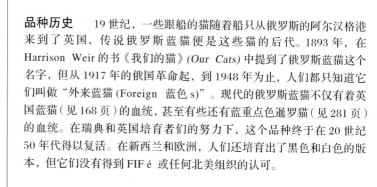

锥形的尾巴长度和粗细都很
适中，尾端呈圆形

俄罗斯黑

俄罗斯蓝猫的培育历史已经长达几个世纪了，因为浅色化的特征是隐性的，所以不会有任何其他颜色被掩盖。黑色和白色的俄罗斯猫是最近才培育出来的，却引起了不少争议。而最不受欢迎的，恐怕就是蓝重点色的俄罗斯猫了，它们是过去和暹罗猫杂交的产物。

品种毛色

单色
黑色、蓝色、白色

双层被毛，有着致密
的底层被毛

哈瓦那褐猫（Havana Brown）

外表精致而又优雅的哈瓦那褐猫，实际上是个精力很充沛的家伙。它们喜欢玩捉迷藏游戏，还会突然从家具后面蹦出来吓唬人，并乐此不疲。除此以外，它们还是出色的攀爬者。尽管它们和那些东方短毛猫（见 292 页）同源，它们却独自发展，倒是与俄罗斯蓝猫（见 224 页）更相似一些。对于这样体形适中的动物而言，哈瓦那褐猫的腿显得很长，而且体重不轻。小猫和年轻的成猫会有斑纹的影子，不过随着年龄的增长就会慢慢消失，留下均匀的棕色（偏桃红木色）渐变色。

尾巴的长短粗细恰到好处

品 种 毛 色
单色
巧克力色、淡紫色

巧克力色

在不同的品种中，对这种棕色渐变色的标准会有很大的差异。对于哈瓦那褐猫，这种颜色被定义为暖褐色，有些偏红棕色。如果出现深紫貂色被毛，那就是严重的失误了。

哈瓦那的头部

长长的脑袋向细长的吻部方向逐渐变窄，直到胡须垫的位置。从轮廓上来看，它们的下巴十分强壮，使它们的整个吻部看上去几乎是方的。

品种历史　　20 世纪 50 年代期间，英国的培育者们培育出了一种纯巧克力色的暹罗猫，这种颜色被称作"哈瓦那"，不过它们在英国的注册名却是"栗棕色外来猫"。哈瓦那褐猫被"出口"到了美国，在那里，人们育出了一只叫 Quinn's Brown Satin of Sidle 的哈瓦那褐猫，如今我们在北美能见到的任何一只哈瓦那褐猫背后，总有这只猫的身影。栗棕色外来猫源不断地来到了美国，并且以哈瓦那褐猫这个名字注册。直到 1973 年，CFA 接受了东方短毛猫，而自此开始，这些猫也就被注册为了"栗棕色东方短毛猫（Chestnut Oriental Shorthair）"。颇为讽刺的是，东方短毛猫的毛色在北美洲被叫做栗色，而在英国则被称做哈瓦那色。这不免又导致了一些不必要的混乱。

关键要素

起源时间: 20 世纪 50 年代

发源地: 英国和美国

祖先: 巧克力重点色暹罗猫 (巧克力 Point Siamese)、俄罗斯蓝猫 (Russian 蓝色)

异型杂交品种: 无

别名: 无

体重范围: 2.5~4.5 kg(6~10 lb)

性格: 可爱、外向、善于交际

站立时身体水平,
长度适中

淡紫色

在创造哈瓦那褐猫的时候,为了引入隐性的浅色化特点,俄罗斯蓝猫的血统也被加入了进来。所以,这个品种才有了淡紫色的猫。

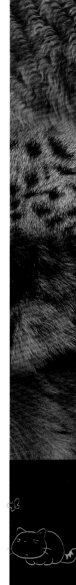

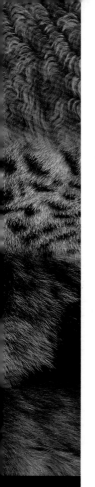

阿比西尼亚猫 (Abyssinian)

阿比西尼亚猫几乎半透明的被毛图案是由一个单一的基因造成的，这种基因是在这种猫身上首次发现的。这种基因会让每一根毛上都有几条深色的条纹，在浅色的背景下均匀分布着，所以形成了"刺鼠纹(Ticked coat pattern)"这样引人注目的被毛图案。阿比西尼亚猫的耳朵有时会像非洲野猫一样成为一束，为它们本来就吸引人的外表更是增色不少。尽管阿比西尼亚猫通常是沉静的，它们的个性却并非是安静的；它们依恋它们的主人，喜欢受到重视并且陪它们玩耍。它们是天生的运动员，会攀爬，调查任何可能的东西——窗帘、人，或者如果允许它们出去的话，还有篱笆和树。它们会受到遗传性的视网膜脱落的困扰，在狗身上这个问题通常会致盲。

品种毛色

斑纹（间色）

微红色、红色、蓝色、浅黄褐色、巧克力色、伴性的红色、淡紫色、奶油色、巧克力玳瑁色、肉桂玳瑁色、蓝玳瑁色、淡紫玳瑁色、浅黄褐玳瑁色

银虎斑（间色）

同所有标准间色斑纹色

奶油色

巧克力色

尾巴的长度与身体一样，呈缓和的锥形

淡紫色小猫

这是阿比西尼亚家族中的又一个新成员。淡紫色是巧克力色的浅渐变色，这两种毛色都是在20世纪70年代通过与东方猫的杂交获得的。不过它们都还没能被传统注册机构所接受。

眼睛周围有着黑的眼眶和浅色毛发组成的眼镜纹

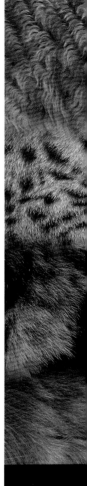

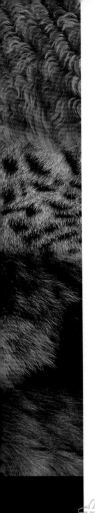

红色或常见色

作为阿比西尼亚猫历史上的传统毛色，红色从基因上来说实际上是黑色刺鼠纹，这种颜色在其他的斑纹图案里属于"棕色"。由于很像野兔的被毛，所以也为这种猫获得了个绰号，叫做"野兔猫"或者"兔猫"在法文里，这种颜色仍被叫做"lievre"或者"野兔"。不过，不断地选择带红色的个体，直接导致了今天我们见到的阿比西尼亚猫都有着温暖的红色底色。20世纪70年代以前，英国一直将红色猫称为"正常猫"或"常见猫"，而现在已经都简称为"常见猫"了。

阿比西尼亚猫的头部

阿比的头部（下左）是一个楔子。从轮廓中我们可以看到轻微的折鼻（下右）。圆圆的杏眼呈现出绿色、榛色或是琥珀色。

杯状的大耳朵，有着毛茸茸的耳尖

关 键 要 素

起源时间： 19 世纪 60 年代

发源地： 埃塞俄比亚

祖先： 埃塞俄比亚家养猫和街头猫

异型杂交品种： 无

别名： 不同的颜色在国际上名称也不同

体重范围： 4~7.5 kg(9~16 lb)

性格： 喜欢引人注目

蓝色雄猫

这个常见猫的浅色版有着灰燕麦色的下半部，映着身体其他部位的蓝灰条纹被毛显得十分惹眼。与常见猫一样，蓝色猫也有着深色的脚垫。

苗条而又优雅的腿，
长度适中

浅黄褐色小猫

这种颜色属于栗色的浅色版本，曾经被称为奶油色，不过它并没有真正的伴性奶油色来得那样明快。在一些协会里，只有这些颜色才会被接纳，而在英国，真正的红色和奶油色都是被作为参展猫而接受的。

紧密的被毛细腻而不柔软

红色或栗色

尽管这个颜色曾在任何注册机构都被叫做红色，但在现在的英国，这种颜色通常被称为栗色。尽管这并不是伴性红色，但却是隐性的浅棕色（在别的品种中被称为肉桂色）。

品种历史　　阿比西尼亚猫的发源地就在骄阳似火的北非，它们的条纹色可是天然的隐蔽色。在 1868 年的阿比西尼亚战争以后，包括 Zula 在内的一些猫从阿比西尼亚［Abyssinian，今天的埃塞俄比亚（Ethiopia）］被带到了英国，建立了这个品种。这些最初的阿比和古埃及绘画中的猫极其相似，这说明早在几千年前，条纹突变就已经产生了。1882 年，这个品种被正式承认。然而在 20 世纪早期，这种猫却几乎在英国灭绝了，只是到了 30 年代，才又在美国和法国重新建立起自己的地位。如今，阿比西尼亚猫已经成为北美最受欢迎的猫之一了。阿比的标准在国际上还有些地区性差异，在欧洲的阿比就更有外来猫的外形和更多的毛色。

中等体形，健壮的身体

鼻子和下巴靠得很近，成一直角

斑点雾猫（Spotted Mist）

　　作为第一个完全在澳大利亚培育、发展起来的品种，斑点雾猫有着调皮和恋家的天性。它们的温顺是极受重视的，在展台上的任何攻击行为都会按标准受到判罚。在某些地方，它们与亚洲间色斑纹猫（Asian Ticked Tabby）（见260页）相似，比如：它们的体形中等，类似外来猫的体格，被毛很短但并不紧密。那些十分精致的纹路创造出了斑点雾猫的外表，并以此命名了这种猫；当然底色上的条纹对这种效果而言是必不可缺的。在这个品种中，有6种颜色被承认。人们用了一年的时间培育出了各种颜色，而在某些颜色中，那些精巧的斑点很难被发现。

金色

这是从阿比西尼亚祖先那里获得毛色的猫之一，从基因上说，这应该算是肉桂色。但斑点雾猫身上基因的混合影响，使它们的毛色渐渐变成了奶油底色，有金色和青铜色花纹。

品种毛色
斑纹（斑点和间色共存） 蓝色、啡色、巧克力色、金色、淡紫色、桃红色

体形适中，并不算特别健壮

深金色的杏眼轻微上挑

腿部的长度适中，既不粗短也不细长

呈圆锥形的尾巴长度中有一个圆尾端

品种历史 澳大利亚新南威尔士的 Truda Staede 博士开发了一个新的项目,目的是为了培养一种新的猫,有着缅甸猫的外形和斑点的被毛,喜欢待在户内,而且很顺从。可想而知,缅甸猫贡献出了自己的身体构造、温顺性格以及 6 种斑点雾色被毛中的 4 种;阿比西尼亚猫则贡献出了另外两种毛色、至关重要的条纹图案以及活泼的个性。虎斑家猫不仅给了它们斑点,还让它们有了性早熟的倾向。1980 年 1 月,第一只有着 1/2 缅甸猫、1/4 阿比西尼亚猫、1/4 虎斑家猫血统的小猫终于诞生了。尽管在澳大利亚斑点雾猫已经获得了承认,但在其他地区,这种猫仍是数量稀少,不为人知的。

柔软的短被毛,在身体上直立着

关 键 要 素

起源时间:1975 年

发源地:澳大利亚

祖先:阿比西尼亚猫、缅甸猫

异型杂交品种:无

别名:无

体重范围:3.5~6 kg(8~13 lb)

性格:活泼、与家人和睦相处

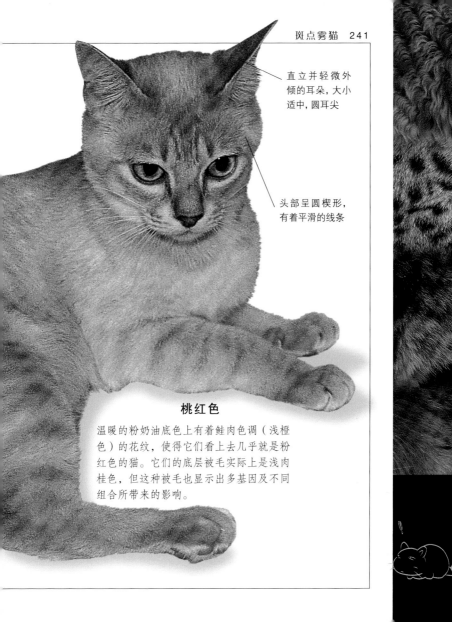

直立并轻微外倾的耳朵，大小适中，圆耳尖

头部呈圆楔形，有着平滑的线条

桃红色

温暖的粉奶油底色上有着鲑肉色调（浅橙色）的花纹，使得它们看上去几乎就是粉红色的猫。它们的底层被毛实际上是浅肉桂色，但这种被毛也显示出多基因及不同组合所带来的影响。

新加坡猫（Singapura）

　　生性安静，甚至有些腼腆的新加坡猫是猫科动物中的少数。新加坡猫的独特之处在于一种被承认的被毛——sepia（一种间色斑纹）。新加坡猫的脾气和身体特质被普遍认为是自然选择压力下的结果。在新加坡，大多数猫都是野生的，而且都在夜间出没。最不起眼的猫反而更有可能顺利繁育。所以，这也导致这些猫体形小、叫声轻并且个性很害羞。西方的猫要比新加坡的"阴沟猫（drain cats）"来得大，一方面是因为基因不同，另一方面也是因为西方的猫营养更好。基于这个观点和其他事实，一些人相信这个品种是新加坡的野生物种造就的，而不是某个基因的缔造者创造的。

关键要素

起源时间：1975 年

发源地：新加坡和美国

祖先：有争议

异型杂交品种：无

别名：无

体重范围：2~4 kg(4~9 lb)

性格：亲切而又内敛

新加坡小猫

新加坡小猫的被毛几乎是达不到成年猫的品种标准的。相对它们娇小的身体而言，它们的被毛很长，而且条纹也还未完全长成。不过，就算是很小的新加坡猫，在它们的眼内角到胡须垫的位置也会表现出猎豹一样的线条。

品种毛色

斑纹（间色）

深褐色刺鼠纹

榛色、绿色或黄色
的杏眼微微上挑，
有着黑色的眼眶

圆滑的头部，有着一个直鼻和
一个宽阔的钝吻

短短的被毛，每个
毛发上至少有两条
间色

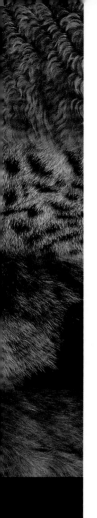

深杯形的耳朵分得很开，有点向外转

品种历史　这个新品种的名称来自马来语中的"新加坡"一词。1975年，Hal和Tommy Meadows将这种猫带到了美国，如今所有注册的新加坡猫都始于Meadows的培育项目。1988年，新加坡猫获得了它们第一个正式的冠军。后来，这种猫也到达了欧洲，不过GCCF和FIFé都没能给予承认，而且围绕这种猫的起源问题，还有许多的争议。Tommy Meadows同时还培育美洲缅甸猫（见262页）和阿比西尼亚猫（见232页），他声称这两种猫都参与了创造新加坡猫的过程。现在，新加坡猫的总数仍不足2000只，一些人认为已经停止的注册工作对这种猫的发展是不利的。

身体的长度和体形都很适中

深褐色刺鼠纹

在培育出的新加坡猫中，这是唯一的一种毛色。从基因上看，这种紫貂色间色条纹是缅甸猫的等位基因与首次在阿比西尼亚猫身上发现的斑纹图案的结合。

腿部很强壮，但不粗短；
腿内侧可以有轻微的条纹

椭圆形的小爪子下有着棕色的肉垫，趾间有黑色的毛发

科拉特猫／(呵叻猫)（Korat）

中等的体形、半圆柱形的身体和银蓝色的被毛，科拉特猫在体形和毛色上与俄罗斯蓝猫（见224页）有许多相似之处。不过，科拉特猫是那种肌肉很发达，身体丰满的猫；它们的被毛只有一层而不是双层；它们的眼睛是橄榄绿色的而不是祖母绿色的。那双醒目的大眼睛给人以纯真的感觉，不过事实上，这是一种意志十分坚强、甚至好出风头的猫，尽管群居生活使它们顽皮而又驯服，但它们仍喜欢按照自己的方式行事。它们有着出众的抱怨能力，并且在不经意间，它们会变得苛刻、顽固并喜欢划清领地。在极少数情况下，极个别个体会出现神经肌肉疾病（Neuromuscular Disorder），成为GM1和GM2；这些都可以通过验血来确定。

品种历史　早在泰国的大城王朝时期（Ayutthaya Kingdom，1350年~1767年），一本名叫《猫的诗集》(*Cat Book Poems*) 的书就提到了一种银蓝色的Si-Sawat（科拉特猫的别称），它们来自泰国偏僻的东北部高原——科拉特（Korat）。第一只来到西方的科拉特猫，以纯蓝色暹罗猫（见280页）的名义参加了19世纪80年代的英国猫展。1959年，现代的科拉特猫由Jean Johnson夫人引入美国，并于1965年在美国获得了承认。而到了1972年，第一对现代的科拉特猫也被引入到了英国，并于1975年获得了承认。遗憾的是，现在它们在世界各地仍很少见。

品种毛色
纯色
蓝色

唯有蓝色是得到认可的

正如我们所了解的温、热带气候的猫，科拉特猫免除了不必要的底层保温被毛，就是那单层的银蓝色被毛也显得十分短。有一些淡紫色的猫是在欧洲大陆被培育出来的，但似乎它们从未被接受过。

大脑袋上有着平坦的
前额和圆圆的吻部

醒目的大眼睛清澈
透亮

科拉特猫的头部

超大的眼睛和心形的脸配上柔和曲线，这让
科拉特猫看起来比它们的同胞品种要温柔得
多，但它们却非常有性格。

关键要素

起源时间：18 世纪以前

发源地：泰国

祖先：家养猫

异型杂交品种：无

别名：Si—Sawat

体重范围：2.5~5 kg(6~11 lb)

性格：要求很高，固执己见

椭圆形的爪子很紧凑

大耳朵上有着圆圆的
耳尖，耳根部分很宽

科拉特小猫

科拉特小猫既没有银色
的毛尖，又没有成猫那
样色彩明亮的眼睛。这
些都需要两年的时间才
能完全成熟。

半短身形的身
体很强壮

孟买猫（Bombay）

　　这种威严端庄的猫有着一身乌黑发亮的漆皮般的被毛、一副独特而又好听的嗓音，以及一个合群的个性。就像它们的前身缅甸猫一样，孟买猫也喜欢有人类陪伴。由于非常喜欢暖和的地方，所以你经常能在人的膝头上看到它们。它们的被毛几乎不需要怎么特别保养，你需要做的只是用羚羊皮或者是你的手定期抚摸，确保它们毛发的光亮和柔顺就足够了。品种标准中要求的那种机灵的红铜色眼睛实际上是很难培养出来的，而且随着年龄的增长会褪为绿色。尽管它们一窝产仔很多，但孟买猫在北美以外的地区仍很罕见。

孟买小猫

孟买猫那深色纹理的被毛需要长达两年的时间才能完全发育，而这个品种的标准也充分考虑到了这一点。

耳根部分很宽, 耳尖
呈圆形

圆溜溜的大眼睛
分得很开

无论怎么看都很圆的
脑袋, 有着中等偏短
的吻部

孟买猫的头部

孟买猫头部的发育让不少培育者觉得,
它们的头部现在似乎与美国短毛猫有
些相似。由于有缅甸猫的血统, 一些
孟买猫也会受到缅甸猫头部畸形问题
的困扰, 当然培育者们会在培育过程
中避免这个可怕的后果, 以达到现在
的模样。

品种毛色
纯色
黑色、紫貂色

孟买黑猫

光亮的孟买黑猫总是有着独特的外观。它们的外形来自于缅甸猫血统，而均匀的单一纯色则来自美国短毛猫的前身。由于缅甸猫身上的深褐重点色是隐性的，所以孟买猫时不时会生出紫貂色的小猫。

半短的身形大小适中，但却重得惊人

尾巴的长短粗细都很适中

品种历史 　20 世纪 50 年代，肯塔基州的培育者 Nikki Horner 开始着手尝试从黑色美国短毛猫和紫貂色缅甸猫中创造一只"迷你黑豹"。到了 60 年代，她终于培育出了一只有着闪亮黑色被毛、健壮躯体、圆脑袋以及红铜色眼睛的猫。孟买猫在 1976 年第一次获得了承认。过了很多年，孟买猫的外观终于脱离了缅甸猫，不再是"黑色缅甸猫"了。一些猫舍仍然会培育出有着深褐重点色的紫貂棕色小猫，尽管现在这种情况已经很少发生了。

紧密的被毛，有着绸缎
般的质地

结实的腿部长
度适中

关 键 要 素

起源时间： 20 世纪 60 年代

发源地： 美国

祖先： 黑色美国短毛猫 (Black American Shorthairs)、紫貂色缅甸猫 (Sable Burmese)

异型杂交品种： 无

别名： 无

体重范围： 2.5~5 kg(6~11 lb)

性格： 活泼、好奇心重

亚洲猫（The Asian Group）

尽管它们绝大多数都有着同一个祖先，渐变色、烟色、纯色、斑纹色的亚洲猫和蒂法尼猫（见116页）的亚洲版都有各自独特的训育，使 GCCF 将它们指定为一组，而不是一个品种。亚洲猫也是第一种在培育标准中允许以性格得分的猫。虽种亚洲猫的祖先是缅甸猫和金吉拉波斯猫，亚洲猫却没有缅甸猫那样爱疯，而比波斯猫更善交际。

淡紫银渐变

尽管 Burmilla［也叫亚洲渐变色猫（Asian Shaded）］的毛尖色被毛看上去很浅，甚至泛白，但它们的确包括了渐变色和毛尖色两种。底层被毛应该呈灰白色，近乎银白色。它们身上也会有斑纹图案出现，但仅限于脸部、腿部、尾巴和颈圈上。

一般深色渐变到毛尖色渐变各个不相同

品种毛色

Burmilla 或渐变色（单色、深褐色）

黑色、巧克力色、红色、蓝色、淡紫色、
奶油色、焦糖色、杏仁色、玳瑁色、
巧力玳瑁色、蓝玳瑁色、淡紫玳瑁色、
焦糖玳瑁色

渐变银色

毛色和图案同渐变色

烟色（单色、深褐色）

黑色、巧克力色、红色、蓝色、
淡紫色，奶油
色、焦糖色、
杏仁色玳瑁色
巧克力玳瑁色、
蓝玳瑁色、淡
紫玳瑁

色、焦糖玳瑁色

纯色（单色）

孟买色、巧克力色、红色、蓝色、淡
紫色、奶油色、焦糖色、杏仁色、玳
瑁色、巧克力玳瑁色、蓝玳瑁色、淡
紫玳瑁色、焦糖玳瑁色、深褐色

斑纹（所有的单色图案，深褐色）

啡色、巧克力色、红色、蓝色、淡
紫色、奶油色、焦糖色、杏仁色、
玳瑁色、巧克力玳瑁色、蓝玳瑁色、
淡紫玳瑁色、焦糖玳瑁色

银斑纹色

毛色和图案同标准斑纹

棕色银渐变

Burmilla 最引人注意的一个
特征就是它们自然的"眼
线"。鼻子周围的色线也
很醒目，还有一个红色的
鼻头（而不是粉色），使
这些猫看起来就像是刚
刚整过容一样。

品种历史　　1981 年，缅甸猫和金吉拉波斯猫在伦敦发生了一次"亲密的联盟"，结果生下了一些渐变银色的漂亮小猫。在经过对一系列个体的考察之后，一项新的培育计划开始了。最初的小猫都是缅甸猫的样子，而最初的方法也是用缅甸猫和上一代进行逆向繁殖。在英国和欧洲，其他缅甸猫和金吉拉杂交也都是采用回交（Backcross，将杂交种的第一代与原种交配）的方式，这样将有助于扩大它们的基因库。1989 年，Burmilla 猫获得了 GCCF 的认可；到了 1994 年，它们又获得了 FIFé 的认可。

巧克力烟色

尽管亚洲烟色猫从基因上看属于非刺鼠纹猫，但它们仍应该表现出隐约的斑纹图案，让它们的被毛看上去像是有水纹的丝巾一样。额前有很明显的银色皱纹。

黑烟色

在许多情况下，由于短毛猫身上的烟色会自然地变深，变成"重点"区域，所以我们很难将深褐烟色和纯烟色区分开来。不过，黑烟色不会变成深褐重点色，否则那些颜色会受干扰而变成深紫貂棕色。

紧密的短毛十分细腻

锥形的尾巴，中等偏长，有着一个圆尾尖

头顶呈现出
柔和的弧线

关键要素

起源时间： 1981 年

发源地： 英国

祖先： 缅甸猫（Burmese）、金吉拉猫 (Chinchilla)、非纯种猫

异型杂交品种： 缅甸猫、特定的金吉拉猫

别名： 烟色的猫曾被叫"Burmoires"

体重范围： 4~7 kg(9~15 lb)

性格： 悠闲、喜欢引人注目

孟买色

孟买色猫的特征就是有着一身柔滑的黑色被毛，它们是原始的亚洲纯色猫。虽然这种猫和北美的那个品种同名，不过应该不会和北美那个品种（见250页）搞混。英国类型的孟买色猫在外形上倒是和欧洲缅甸猫有些相似，而美国孟买猫无论在体形还是品种上都是独立的。

中等偏大的耳朵，分得很开，并且微微向外转

腿部长度适中，有着椭圆形的爪子

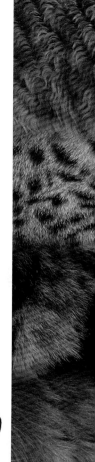

黑玳瑁色

就像在缅甸猫里一样，玳瑁色亚洲猫的标准既允许混合色，也允许经典条纹色。独特的面部白斑以及纯色的腿和尾巴，都是可以被接受的。眼睛的颜色从金色到绿色稍有不同。

黑间色斑纹

在所有的亚洲猫毛色标准中，间色都是可以被接受的，即便在银色被毛里也是这样。亚洲间色斑纹标准允许没有连续的"项链"，但要求腿上和尾巴上都有斑纹的存在。在银色斑纹中，色彩可能不会那么丰富，但是每根毛发上至少都应该有两根深间色条纹。下半身的被毛颜色要比身体其他部分的被毛色浅一些，但是应该与整体保持和谐。

椭圆形的脚爪

蓝色条纹小猫

在亚洲猫标准中，蓝色就是中等黑色，不像在其他许多品种中，人们更偏向于较浅的颜色，这有助于在斑纹色中表现出良好的反差。条纹图案在亚洲猫里是最常见的图案，而斑纹色被毛却比其他类型的被毛要少一些。

看上去应该是断裂的"项链"

腿上的斑纹

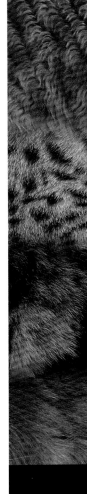

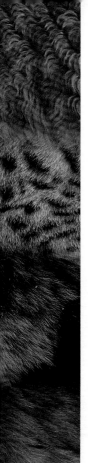

美洲缅甸猫
（American Burmese）

美洲缅甸猫拥有丰富的毛色和分开的眼睛，它们被人形容为"丝巾裹着的砖头"。尽管它们喜欢与人类做伴，缅甸猫却并不像其他东方猫那样爱叫（或者说爱表现）。北美缅甸猫和它们的欧洲兄弟（见268页）还不一样，这个品种的标准强调"圆"，尤其是它们头部的形状，十分惹眼。现在我们所见到的这种十分"圆"的样子，来源于20世纪70年代的一只叫做"Good Fortune Fortunatus"的猫。然而不幸的是，由于它们头部的问题，遗传性的颅骨畸形往往十分致命，而且需要进行安乐死。到了20世纪80年代，仅有深褐色是在全球范围内被接受的毛色，其他的毛色始于早期的培育计划，但在CFA内被称为"曼德勒(Mandalays)"，TICA则认可更多的毛色。

身体健壮、紧凑，
体形适中

尾巴呈暗黑色

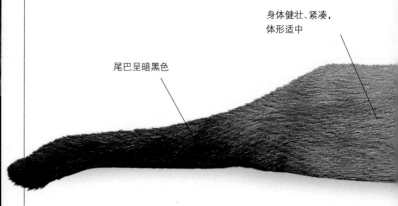

品种毛色

深褐色
紫貂色、香槟色、蓝色、白金色
所有其他纯色和玳瑁色

紫貂玳瑁色
（非 CFA）

红色
（非 CFA）

焦糖色
（非 CFA）

肉桂色
（非 CFA）

香槟色

对于缅甸猫毛色而言，这是个习惯性的术语，CFA 将它归入了"淡化色"的类别。事实上，这应该就是棕色，而在别的品种中通常指的是巧克力色。这个颜色的猫在面具部分的毛色会有一定程度的变深，这几乎是无法避免的，主体的毛色为温暖均匀的蜂蜜色。

很可人的圆脑袋，有着一个饱满的脸颊

金色的圆眼睛

品种历史　　缅甸猫始于一只叫做"黄猫 (Wong Mau)"的褐色母猫。1930 年，它被美国海军精神病学家 Joseph Thompson 从缅甸的仰光带到了美国。这只母猫虽然创造了一个新的品种，不过具有讽刺意味的是它本身并不属于这个品种。Thompson 将黄猫同最为相似的暹罗猫（见 280 页）杂交，然后再把获得的小猫与黄猫进行回交，于是出现了三种各不相同的模样：暹罗猫重点色、深棕带小重点色（它就是第一只真正的缅甸猫）、像黄猫一样有着深色身体带深重点色。至于那只黄猫，则是缅甸猫和暹罗猫杂交后的混血猫，是最自然的东奇尼猫（见 274 页）。

圆圆的耳尖

耳朵向前倾

蓝色

别的品种的蓝猫都是偏霜灰色的，清爽的蓝色，而美国蓝色缅甸猫则是基因淡化的紫貂色。标准要求温暖的淡黄色底色调，与欧洲缅甸猫的标准有了巨大的差别。

紫貂色

这是缅甸猫最早的毛色。小猫出生的时候，毛色往往要比标准要求的浅，不过随着身体的日渐成熟，它们的毛色加深。标准要求基因中尽可能少出现色点，最好是纯色的。

腿部粗细、长度适中

尾巴的长度适中

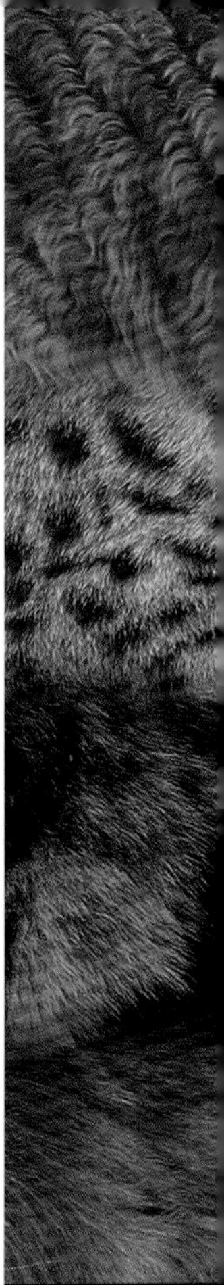

霜灰色或白金色

在别的品种中，这个颜色实际上指的是紫丁香色或薰衣草色（淡紫色），只有缅甸猫才有这样一个特殊的称呼。由于加入了蓝色，配合浅灰黄色的底色调，缅甸猫的这个色调要比其他猫的同色调看上去更暖一些。当然，它们毛色的浓度也要比其他猫淡了许多，毕竟它们有一个如今不常用的金属名字嘛。

短而细腻的被毛，有着绸缎一般的质地和光泽

身体健壮而又紧凑，体形适中

耳朵的大小适中, 位置
分得较开

短阔的短吻部以及
圆下巴

缅甸猫的头部

尽管它们也存在着缅甸猫头部的
缺陷, 其现在的外观一直左右着
CFA, 直到 1995 年。那一年, 前
三名的三只猫都不是圆圆的"传
统"类型, 同时没有"传统"的
头部问题。

关键要素

起源时间: 20 世纪 50 年代

发源地: 缅甸

祖先: 寺庙猫、暹罗猫混血

异型杂交品种: 无

别名: 有个别颜色曾被叫做"曼
德勒猫 (Mandalay)"

体重范围: 3.5~6.5 kg(8~14 lb)

性格: 友善、悠闲

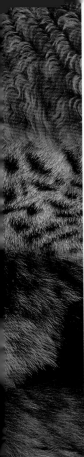

欧洲缅甸猫
（European Burmese）

在大西洋两岸，缅甸猫分为了两个类别，几乎可以说是两个品种。当北美的那个家族（见 262 页）发展为"圆圆"的猫的时候，欧洲以及南非、新西兰和澳大利亚的培育者们则选择了肌肉发达而身体较瘦的体形。这种更具东方味道的猫有近似楔形的脑袋、椭圆形的眼睛，以及修长的腿。通过不断交配，欧洲缅甸猫的颜色已经达到了 10 种之多——比 CFA 认可的颜色更多，但缺少了 TICA 认可的肉桂色和淡黄褐色。不过，不管是什么颜色和类别，缅甸猫都是活跃的家庭中理想的伙伴。

头部像是一个很短的钝楔子

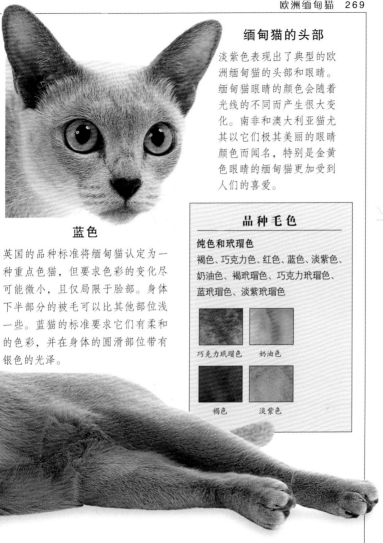

缅甸猫的头部

淡紫色表现出了典型的欧洲缅甸猫的头部和眼睛。缅甸猫眼睛的颜色会随着光线的不同而产生很大变化。南非和澳大利亚猫尤其以它们极其美丽的眼睛颜色而闻名，特别是金黄色眼睛的缅甸猫更加受到人们的喜爱。

蓝色

英国的品种标准将缅甸猫认定为一种重点色猫，但要求色彩的变化尽可能微小，且仅局限于脸部。身体下半部分的被毛可以比其他部位浅一些。蓝猫的标准要求它们有柔和的色彩，并在身体的圆滑部位带有银色的光泽。

品种毛色

纯色和玳瑁色

褐色、巧克力色、红色、蓝色、淡紫色、奶油色、褐玳瑁色、巧克力玳瑁色、蓝玳瑁色、淡紫玳瑁色

巧克力玳瑁色	奶油色
褐色	淡紫色

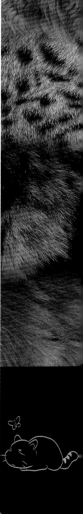

褐玳瑁色

这是玳瑁色版本的紫貂色，呈现着深褐色的同时，还带着红色和奶油色的渐变色。在缅甸猫里，玳瑁图案是一种梦幻般的经典斑纹，正如你看到的这只猫一样。面部的白斑以及深色或浅色的纯色区域都是允许出现的。

微微吊梢的大眼睛，
位置分得较开

短而细腻的被毛，紧贴在身上

红色

橘渐变色在缅甸猫里是一种讨人喜欢的颜色，与别的品种相比，这种颜色带有更少的赤褐色。暴露的皮肤可能会显现出一些雀斑且脸上也会有一些斑纹，不过这都在允许的范畴内。由于缅甸猫的短被毛无法掩盖任何斑纹，因此较为纯净的红色被毛就变得十分可贵。

品种历史　　欧洲缅甸猫是传承自美国的品种，美国的缅甸猫在"二战"后被引入了欧洲，其中褐色的猫在 1952 年获得了 GCCF 的承认。然而，欧洲人却更喜欢有东方风格的外观，并要求更多的毛色。比如，GCCF 只用了 8 年就承认了蓝色的缅甸猫，而北美的 CFA 却用了几十年才承认了它们。这似乎还兴起了一股潮流：通过引入红色基因，让欧洲品种身上丰富的毛色种类继续得以发展；而到 20 世纪 70 年代，毛色范畴已经拓宽到在所有的已承认毛色中创造出玳瑁色版本。1996 年，更大的改变措施出台：FIFé 修正了品种标准，允许了绿眼睛的出现。

巧克力色

在品种标准中，这种颜色被更为精确地描述为"牛奶巧克力"的渐变色。当然，完全均匀的整体颜色是十分"理想"的，不过仅限于"理想"。尽管鼻尖的皮肤能够很好地与被毛色相称，不过足垫位置的却是粉色向褐色的渐变色。

身体很强壮，肌肉发达，而且惊人地重

下半身的毛色可能略浅于其他部位的被毛色

苗条的腿，与身体互成比例

淡紫玳瑁色

在缅甸猫中，巧妙融合的淡紫奶油色被毛并不十分受欢迎，至少没有经典条纹被毛那样受欢迎。不过在其他的品种里，这种情况恰好相反。

关 键 要 素

起源时间：20 世纪 30 年代

发源地：缅甸

祖先：寺庙猫、暹罗猫混血

异型杂交品种：无

别名：无

体重范围：3.5~6.5 kg(8~14 lb)

性格：友善、悠闲

东奇尼猫（Tonkinese）

　　对于东奇尼猫能否作为一个独立的品种存在，一些培育者一直有争论：作为缅甸猫（见262页）和暹罗猫（见280页）的混血，东奇尼猫不可避免地创造出了与它们双亲都不同的重点色图案，然而，它们却又不是第一个创造出变化的品种，柔软的水貂重点色图案也不是唯一的区别性特征。东奇尼猫完全是它们父母的混合体——比一方要轻巧，却没有另一方那么清瘦；具有东方品种典型的强烈好奇心和丰富感情。拥有着漂亮的外表和友好的脾气，东奇尼猫自然早已成为了"大众情人"一类的猫。

品种毛色

纯色和玳瑁水貂色
褐色、巧克力色、红色、蓝色、淡紫色、奶油色、褐玳瑁色、巧克力玳瑁色、蓝玳瑁色、淡紫玳瑁色
肉桂色、浅黄褐色、重点色及深褐色图案
斑纹（所有图案）
纯色、玳瑁色

蓝色

啡虎斑

巧克力色

淡紫玳瑁色

褐色或自然色

这个颜色在缅甸猫里叫做紫貂色，在暹罗猫里被称作海豹色，而在东奇尼猫里还有两个名字：在北美人们把这个毛色称作自然色，而其他地区的人们则称之为褐色。其实，这种毛色应该是带深海豹重点色的浅褐色，同时还"配备"了海豹色的鼻尖皮肤及足垫。东奇尼猫有着健壮的肌肉和一些外来猫的外形。北美的东奇尼猫和欧洲的有一些细微的不同，这可能也是从一个方面反映出了缅甸猫之间的区别：与远在大西洋另一边的伙伴比较，欧洲的东奇尼猫显得更有一些"三角"感。

耳朵略偏长,有着椭圆形
的耳尖,耳根部分较宽

蓝绿色的眼睛

健壮的身体中等偏长,
并且体重惊人

尾巴的长度和身体相等,
既不太粗也不太细

巧克力玳瑁色

当有玳瑁色或是斑纹色被毛图案覆盖
的时候，色点就显得不是很清晰了，
但面具和腿部的毛色应该还是比身体
部分要深。

品种历史　　一些培育者相信 19 世纪 80 年代出现的"巧克力色暹罗
猫"实际上就是东奇尼式的暹罗猫—缅甸猫混血，不过这个说法却无
法得到证明。在西方，第一只有记载的东奇尼猫是"黄猫"——来自
仰光的缅甸猫之母（见 264 页）。它的自然混血特征已经通过它的后
代表现了出来，然而直到 20 世纪 50 年代，人们才开始着手通过培育
项目重建这个混血品种。早期的工作是从加拿大最先开始的，而这个
品种也是在加拿大猫协 (Canadian Cat Association) 最先获得承认的。
如今，世界各大主要注册机构已经认可了东奇尼猫，只是他们各自认
可的颜色还是有着不小的差异。

奶油色

在东奇尼猫关于这种颜色的标准中，要求它们要有饱满而又温润的色调，渐变的灰奶油色。这种毛色的色点可能不如在别的毛色上那样均匀，腿上的色点就会比面具和尾巴上要浅一些。正如其他所有的品种一样，斑纹色总是很难从奶油色和红色的被毛上完全消除，所以，当一只猫在其他各方面都极其优秀的时候，轻微的花纹也是可以接受的。

毛色较浅的身体上柔和地表现出较深的色点

丝一般的短被毛紧贴在身上

眼睛的上沿是椭圆形的，而下沿则是圆形的

红色

尽管在它们的腿上不会有太多的渐变色表现出来，浅红色的身体却会渐变成深重点色。有时，在红色猫和奶油色猫的鼻尖、嘴唇、眼睑、耳朵或是肉垫上，你还能看到轻微的雀斑，如果出现在成年猫身上，是不会遭到判罚的。红色和奶油色猫并不是在北美的所有地方都被承认的。

苗条的腿部肌肉发达，并与椭圆形的爪子构成良好比例

楔形的脑袋，有着折鼻和一撮胡须

淡紫色

淡紫色的猫实际上是粉色为底色的
鸽子灰白色，同时它们的身上还有
同样颜色的深渐变色色点。尽管小
猫很早就会长出独特的重点色，但
比起成年猫而言，通常还是要浅一
些。眼睛的颜色从浅蓝色到绿色会
有不同，不过如果出现淡黄色就无
法接受了。相同的渐变色与被毛色
没有什么关系。

关键要素

起源时间： 20 世纪 60 年代
发源地： 美国和加拿大
祖先： 缅甸猫 (Burmese) 和暹罗猫
(Siamese)
异型杂交品种： 缅甸猫 (Burmese)
和暹罗猫 (Siamese)
别名： 曾被叫做"金色暹罗猫
(Golden Siamese)"
体重范围： 2.5~5.5 kg(6~12 lb)
性格： 外向并且智慧

暹罗猫（Siamese）

　　这应该是全世界最容易被立即辨认的猫了吧？暹罗猫同时又是一种有着很多争议的品种。早先的猫经常会出现斗鸡眼和扭结的尾巴，而早期的品种标准甚至也要求有这些特征（还有腿要"有些短"）。自那时起，选择培育让这种猫有了很可观的变化。尽管斗鸡眼和扭结的尾巴现在已经少见了，但它们的体形仍然是存在争论的话题。GCCF要求暹罗猫必须有苗条的身体、细长的腿、长脑袋、吊梢眼以及漂亮的吻部；而在北美，这种要求被更加极致化了。不管怎么说，所有的暹罗猫都以它们合群和饶舌的天性而闻名。

品种毛色

暹罗猫重点色
海豹色、巧克力色、蓝色、淡紫色
色点短毛重点色 (CFA)
红色、奶油色、玳瑁色及所有颜色的斑纹版本
肉桂色、浅黄褐色、烟色、银色和杂色版本

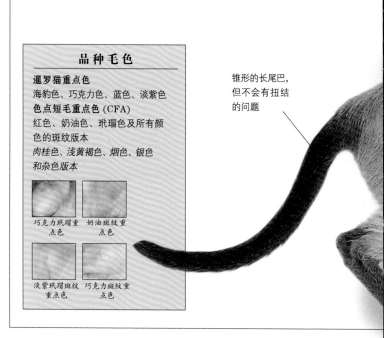

巧克力玳瑁重　　奶油斑纹重
　　点色　　　　　　点色

淡紫玳瑁斑纹　　巧克力斑纹重
　　重点色　　　　　点色

锥形的长尾巴，
但不会有扭结
的问题

蓝重点色

关于蓝重点色暹罗猫的记录至少可以追溯到 1903 年。还记得泰国的另一种蓝色的名猫——科拉特猫（见 246 页）吗？很可能那些淡化毛色的基因是随着这些泰国猫一同来到了西方，而不是到达西方后才被引入的。重点色暹罗猫身上的蓝色比纯色被毛的那种蓝色浅一些。

修长而又苗条的身体，体形中等

浓重的重点色，与渐变色相称

巧克力重点色

直到 20 世纪 50 年代，这种有着巧克力牛奶色色点的猫才被英国接受。这种重点色有可能是隐性遗传的，深巧克力重点色可以被看作海豹重点色。

品种历史　　暹罗猫起源于 500 年前发生在亚洲的一次基因突变，这次突变事实上还十分广泛。18 世纪晚期，自然学家 Pallas 曾说起在中亚见过一只有着白色身体，黑色耳朵、尾巴和脚的猫。在泰国，这些猫受到了僧侣和皇家的尊崇。1871 年，它们来到了西方，并在英国的猫展上闪亮登场。起初，暹罗猫还包括纯色的猫，不过现在纯色的猫都被归入了东方短毛猫（见 292 页）。对这个品种的热潮曾在 20 世纪 50 年代达到了一个高峰，而此后的数量减少则被归咎于：培育出了过多的"极品长相"。

淡紫重点色

1896 年，一只可怜的猫在猫展上
被取消了资格，理由是"不够蓝"，
因为有些猫展只接受蓝重点色的暹
罗猫。尽管并不能绝对确定，但这
只猫很有可能就是未被承认的淡紫
重点色猫。美国的标准要求这种猫
的身体是白色的，而英国的标准则
允许轻微的渐变色。

耳朵完美配合着脸
部的轮廓线

细腻的短被毛，没有
底层被毛

暹罗猫的头部

尽管头部很长，两耳之间也应该有适当
的距离，向前慢慢变尖，形成一个
细细的吻部。从这个轮廓来
看，它们有一个直鼻
子，只在眼平位置
有轻微变化。

长长的头部沿直
线向着吻部变窄

东方形状的眼睛

关键要素

起源时间：18 世纪以前

发源地：泰国

祖先：家养猫和寺庙猫

异型杂交品种：无

别名：暹罗国皇家猫 (Royal Cat of Siam)

体重范围：2.5~5.5 kg(6~12 lb)

性格：精力旺盛，富有冒险精神

后腿比前腿长

海豹重点色

作为最经典的颜色，暹罗猫经常以这个形象出现在电影、广告和卡通片里。一般而言，这种颜色应该是黑色，只是在暹罗猫的重点色基因作用下，会转变为海豹棕色。有个时期，这是唯一被人们接受的暹罗猫，尽管也有别的颜色，但都被当作了"其他变种"；而且对于它们长什么样也没有明确的记录。对于一些人而言，只有这个颜色的暹罗猫才是"真正的"暹罗猫。

苗条的腿部，与身体比例保持一致

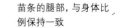
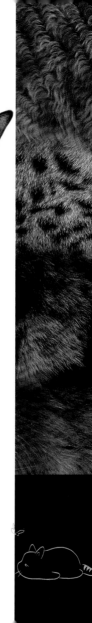

暹罗猫的新毛色
（Newer Siamese Colours）

　　新的颜色和条纹为暹罗猫原有的 4 种颜色做了新的补充。这些重点色猫有两个名字：在英国和欧洲大陆，所有的颜色都被归为暹罗猫，甚至重点色的东方短毛猫也被注册为暹罗猫，在北美，TICA 也采用了类似的方法；而 CFA 只接受黑色底的品种为暹罗猫，而将其他的称为重点色短毛猫。

蓝玳瑁重点色

一个偶然的机会，在第一批异型杂交的暹罗猫中，有一只猫生出了一只玳瑁色的小猫。红色基因的引入不可避免地导致玳瑁重点色的产生。它们的每一个色点都应该表现出颜色的混合，即便是在足垫上。

奶油重点色

20世纪30年代，与红虎斑波斯猫富有争议的杂交为暹罗猫带来了这种基因。到了60年代中期，它们获得了人们的普遍认可。

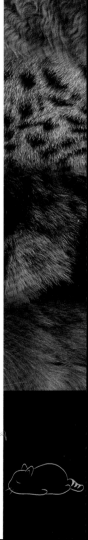

长长的头部沿直线向着吻部变窄

红斑纹重点色

所有重点色的斑纹版现在已基本上都获得了认可。所有的斑纹色，尤其是红色和奶油色的猫，腿上的毛色总是要比纯重点色的毛色淡一些。斑纹色猫身上的渐变色会比纯重点色猫少一些，但应该都围绕着斑纹图案。

纤细的腿部与身体保持良好比例

肉桂重点色

肉桂重点色是最新的毛色之一。它们的身体呈象牙色，而色点则是肉桂棕色。和巧克力重点色、焦糖重点色一样，它们腿上的毛色要比其他重点色的淡一些。

纯色的耳尖

东方形状的眼睛

笔直竖起的耳尖

巧克力斑纹重点色

自从 20 世纪初起，人们就已经认识了斑纹重点色，但这种颜色通常都被忽略了。1961 年，一窝海豹重点色猫在英国展出，没想到在几年后，它们引起了人们新的兴趣，并开始了积极的培育活动，甚至获得了认可。在北美，这些猫被称为山猫重点色猫。

淡黄褐重点色

这又是一种很新的毛色，属于肉桂色的淡化版本。标准需要的是那种有着木兰色身体、带"玫瑰色蘑菇"色点的猫。正如其他淡色的猫一样，它们腿部的毛色要比面具和尾巴上的颜色浅一些。

纤细、优雅的脖子

前腿要比后腿短一些

短短的被毛下没有底层被毛

小巧的椭圆形爪子

淡紫斑纹重点色

所有的色点都应该表现出斑纹式的花纹，但不应该遍布全身；尤其是它们额前的皱纹，不能蔓延到头部别的地方去。淡紫斑纹重点色猫有着木兰色的底色和灰粉红的花纹，还配着淡紫丁香色或粉色的鼻尖和足垫。

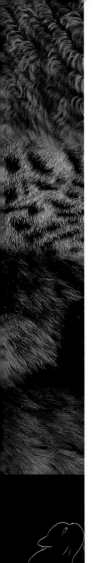

东方短毛猫
（Oriental Shorthair）

　　每一只东方短毛猫的主人都会告诉你，这种猫最喜欢待在你和你的书或是报纸、键盘之间。这些活跃而又矫健的猫居然惊人地合群，培育者们甚至称之为"无耻的"卖俏者。从体格和脾气上来看，它们俨然就是一只暹罗猫（280页），只不过它们是单色的。关于重点色东方短毛猫的身份，一直有些争论不断浮现：大多数的猫迷都认为东方短毛猫可以划归为暹罗猫，可北美的CFA就是不允许这样做。与暹罗猫一样，东方短毛猫也会受到遗传性心脏病的折磨；但它们的寿命长得惊人，完全击破了它们是一种娇贵的猫的说法。

品种毛色

斑纹（所有图案）
毛色同纯色和玳瑁色
烟色、渐变色和毛尖色
除白色外，同纯色和玳瑁色

纯色和玳瑁色
黑色、哈瓦那色、肉桂色、红色、蓝色、淡紫色、浅黄褐色、奶油色、焦糖色、杏仁色、外来白色、黑玳瑁色、巧克力玳瑁色、肉桂玳瑁色、蓝玳瑁色、淡紫玳瑁色、浅黄褐玳瑁色、焦糖玳瑁色
银虎斑（所有图案）
毛色同标准斑纹色

银斑点斑纹　　蓝色和白色

巧克力玳瑁色　　红鲭鱼纹

褐色斑点纹小猫

东方斑点纹猫曾被称作 Maus，但人们将它们和美国的埃及猫（见332页）混淆了。它们的斑点应该是清晰的圆点，均匀地分布在全身被毛上。

竖直的大耳朵，延续着头部的线条

小猫通常都会有连续的脊柱线

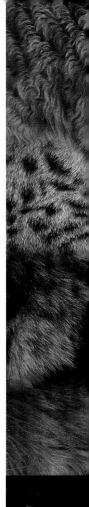

东方蓝猫

19世纪，一些蓝色的猫从泰国来到了西方，不过这些猫不是我们的主角，可能只是科拉特猫（见246页）。不过，现在我们已经不会再把这两种猫搞混了，因为东方蓝猫有着极其瘦长的体形和这种猫特有的吊梢眼。

紫丁香色或薰衣草色

哈瓦那猫的浅色版，这个毛色可以算得上是20世纪60年代培育出的第一批猫了。那时人们把这个毛色叫做薰衣草色，而在北美，这个名字被沿用至今。与所有的淡色猫一样，任何一点微弱的斑纹都是清晰可见的，所以想要得到一只毛色纯良的猫是相当不容易的。

头部是一个由直线勾勒出的三角长楔形

外来白色或东方白色

在国际上，这个毛色通常被称作东方白色；在大多数国家，它们都有着绿眼睛或是蓝眼睛。在英国，只有蓝眼睛才被正式接受，而"外来"这个名称就是用来强调这一点的。

关键要素

起源时间：20 世纪 50 年代
发源地：英国
祖先：暹罗猫 (Siamese)、科拉特猫 (Korat)、长毛猫 (Longhair)、短毛猫 (Shorthairs)
异型杂交品种：暹罗猫
别名：在英国曾被叫做"外来猫 (Foreigns)"
体重范围：4~6.5 kg(9~14 lb)
性格：热情，但要求很高

细腻的被毛十分短，有着很好的光泽

东方黑色

穿着光滑的纯黑色外衣，它们的东方体形仿佛就是鲜活的新艺术（Art Nouveau，19世纪最后20年和20世纪最初10年里传遍欧洲的一种夸张的不对称的装饰风格，使用各种曲线形式）的宣传海报。这种猫的全身必须都是纯乌黑的——从毛尖到毛根，从眼眶到足垫都是如此。明亮的绿眼睛在这样的背景色中显得十分出挑，也让这种猫变得更有魅力。

细长的身体，中等的身材

哈瓦那或栗棕色

它们有着深沉而又温暖的棕色调（从遗传学上看属于巧克力色），早期的培育者们把这个毛色叫做"哈瓦那"，不过后来它们被认定为栗棕色外来猫，直到 20 世纪 70 年代才回归自己的本名。在美国，人们仍将它们称为栗棕色猫，因为在美国，哈瓦那褐猫就是另一个品种了。

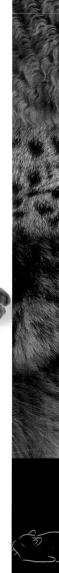

品种历史 古老的《猫的诗集》(Cat Book Poems) 就显示出暹罗猫有着多样的毛色。如今它们半数以上的后裔都是纯色或双色的，只有不到 1/4 的个体才是重点色的。最初带到西方的暹罗猫里，有一些是纯色的猫，但在 20 世纪 20 年代，英国的暹罗猫俱乐部禁止了"除蓝眼睛暹罗猫以外的任何猫"。尽管第二次世界大战以前，仍有黑色和蓝色的暹罗猫在德国不断被培育出来，但它们的数量仍不免减少。50 年代，由于英国培育者对纯巧克力色的不断研究，终于带来了栗褐色外来猫的诞生，并成为了哈瓦那褐猫（见 228 页）的起源。1957 年，这个品种获得了承认。直到最近，这个品种在英国被叫做"外来 (Foreign)"，而在美国则有另外一个叫法——"东方 (Oriental)"。当然，自从英国为这种猫改名后，再也不会有任何混淆的事情发生了。

东方猫的新毛色
（Newer Oriental Colours）

新颜色和新图案的东方短毛猫的品种正在不断出现。许多基因都来源于"Our Miss Smith"——建立这个品种的暹罗猫母亲，它在20世纪50年代生出绿色眼睛、棕色被毛的小猫。自此以后，许多其他的基因被人为加入了进去。时至今日，已经有五十多个毛色被正式承认了，而且这个数字今后可能还会继续增加。不过双色的猫只是在北美的协会获得承认，在英国不被承认。

雀斑是可以被
接受的

红色

与其他的东方猫一样，伴性的红色是最近
才出现的毛色，虽然这个毛色的基因在亚
洲确实存在。它们的毛色应该是均匀的，
不过如果出现斑纹也是允许的。

杏仁色

杏仁色是东方色系中的新近成
员，其实这是一种偏红的奶油
色，要比真正的奶油色更深更
暖。关于这种毛色的起源仍在
争论之中。

巧克力经典斑纹

最早的东方虎斑猫都是斑点图案的，但随后不久，经典图案、鲭鱼图案及条纹图案便逐个加入了进来。东方虎斑猫通常有着白色的嘴唇和下巴，不过这些白色区域不应该覆盖整个吻部和喉部。

东方猫通常都有绿色的眼睛

后腿要比前腿长一些

腹部的被毛会比身体其他
部位更长一些

肉桂色

尽管最早的东方猫并没有肉桂色
被毛，这却是最先被加入进来的
毛色之一。20 世纪 60 年代，在哈
瓦那褐猫与栗色阿比西尼亚猫（见
232 页）杂交后，一种新的基因被
引入了，而这就是肉桂色的来源。

竖直的大耳朵

细腻的短毛有着
很好的光泽

红白色

为什么英国培育者都不愿意培育双色猫？其中有个很重要的原因是因为重点色东方猫都被注册成了暹罗猫。只要是有轻微斑点，这些猫就在不经意间脱离了双色东方猫，而变成了暹罗猫。不过，这样做的后果也会在未来的后代中表现得越来越显著。

巧克力色银虎斑

在银虎斑中，有色部分仅限于毛尖上，而底层被毛则是白色的。尽管花纹和底色之间的对比十分清晰，但也许是因为对色彩的要求过于严格，致使它们胁腹部的图案已无法表现出来了。

锥形的长尾巴

日本短尾猫（Japanese Bobtail）

调皮而又热情，这种猫是很有魅力的伴侣。日本短尾猫的祖先曾出现在日本古代的绘画中。不仅如此，神话和传说使得这种猫独有的特征——仅 8~10 cm(3~4 in.) 的尾巴一直流传下来。在古代日本，如果一只猫有着一条分叉的尾巴（有两个尾尖），那么它会被当作恶魔的化身，而有着普通尾巴的猫常常会被欺负甚至迫害，只有那些短尾巴的猫保留了下来。所以这也是为什么日本的短尾猫培育会更为成功。在日本，你随处可见招财猫形象的短尾猫，它们是流行的幸运标志呢！

品种毛色

纯色和玳瑁色
黑色、红色、玳瑁色、白色
所有其他纯色和玳瑁色、重点色、水貂色和深褐色
斑纹色（所有图案）
所有颜色
双色
带白色的黑色、红色、玳瑁色和红虎斑
带白色的所有其他颜色和图案

棕色鲭鱼纹

黑白色

Mi-ke

玳瑁色与白色相间的短尾猫在日本被称为 Mi-Ke，是最受人们喜爱的毛色和图案。而鸳鸯眼的 Mi-Ke 猫要比它们的蓝眼或金眼亲戚更珍贵。这种猫应该有着瓷器一样的体态，配以纯白色的被毛和最少的艳丽色斑。

直立的大耳朵,位置
分得比较开

绒毛球一样的
短尾巴

被毛的长度中等
偏短,有着几乎
可以忽略的底
层被毛

修长的腿,但不
算很精致

品种历史   传说这种猫在公元 999 年的时候，从中国来到了日本列岛，在接下来的 5 个世纪里，只有贵族才能拥有它们。实际上，这些猫到达日本的时间要比传说还要再早几百年，而且也并非只有贵族才能拥有。在最初的亚洲大陆猫移民中，有一些有着粗短尾巴的，在日本岛屿这样有限的基因库里，像短尾这种隐性基因便开始蓬勃发展了。1968年，美国培育者 Elizabeth Freret 建立了第一个位于日本以外地区的培育计划。尽管这个品种在美国已经获得了承认，但在英国还没有获得认可。

关 键 要 素

起源时间： 19 世纪以前

发源地： 日本

祖先： 家养猫

异型杂交品种： 无

别名： 无

体重范围： 2.5~4 kg(6~9 lb)

性格： 充满活力，但也很警觉

红虎斑白色

自从短尾猫来到了西方，就接受了不少"改造"。就像这只雄猫，原先的猫并没有这样精致的外表，有的只是更宽的脸和更短的腿。不过，在培育者们的--番"雕琢"之后，这些特征也让它们完全区别于一般的短尾猫了。

三角形的头部，有着弯曲的两侧和一个长鼻子，显示出很好的平衡感

修长笔直的身体

拉波卷毛猫（La Perm）

　　几个世纪以来，卷毛的基因突变曾出现过，但很快便消失在浩瀚的随机繁育猫群中。品种注册机制的出现改变了这种情况。自从第一批主要卷毛猫品种——柯尼斯卷毛猫（见 312 页）和德文卷毛猫（见 318 页）逐步建立以来，已经有很多卷毛品种一一面世了。拉波卷毛猫无疑是这些猫中名字最古怪的一个了；并且从某种意义上来说，也是表情最奇特的品种。它们出生的时候就有柔软的毛，但是在一个时期（通常是幼年）会消失，完全成为一只"秃猫"，但以后长出的新被毛会十分厚实，并且有如同丝一般的质地，当然，还是带卷的。对于纯种猫而言尤其少见的是，标准将它们形容为工作猫以及"出色的猎人"。拉波卷毛猫还有一个长毛的版本（见 142 页），短毛版的软毛看上去更像是波浪状的，而不是卷曲的。

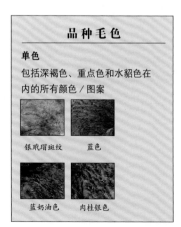

品种毛色

单色

包括深褐色、重点色和水貂色在内的所有颜色／图案

银珐琅斑纹　蓝色

蓝奶油色　肉桂银色

啡虎斑小猫

有着柔和的楔形脑袋的拉波卷毛猫天生一副外来长相，尤其小猫特别明显。大多数的小猫都会经过它们的"秃毛"时代，在经过一番巨变之后，直毛的小猫才会变成卷毛的。

宽阔的楔形脑袋,有着突出的吻部

杏仁形的大眼睛,微微有些吊梢

身体既不是很"骨感"也不是很健壮,体重相对它们的体形而言偏重

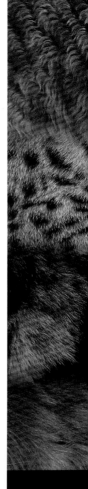

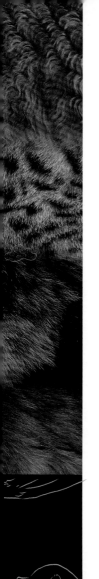

品种历史 1982 年，美国俄勒冈州达拉斯的一只农场工作猫产下了一窝 6 只小猫，其中有一只全身光秃秃的小家伙。虽然有这个缺点，这只小猫还是活了下来，并且终于在大约 8 周的时候开始长出了被毛。但是和她同胞们的被毛不同，她的被毛摸上去柔软而又卷曲。Linda Koehl——小猫的主人及这个品种的建立者给她起了个名字叫 Curly。又过了 5 年，Koehl 又培育出了更多的卷毛小猫，从而形成了这个品种的基础。由于这个基因是显性的，它们通过广泛的异型杂交不仅加大了基因库，还合理地增加了卷毛小猫的数量。这个品种已经获得了 TICA 的承认。

关键要素

起源时间： 1982 年
发源地： 美国
祖先： 农场猫
异型杂交品种： 非纯种猫
别名： 也被称作"达拉斯拉波猫 (Dalles La Perm)"
体重范围： 3.5~5.5 kg(8~12 lb)
性格： 亲切而又好奇心重

红虎斑

卷毛会让斑纹图案变得不清晰，当然拉波卷毛猫也不能例外。凡是你看到的那些额头上的线条、鬓角和脸颊上的"纹眉线"以及尾巴上的环纹、腿上的条纹，一定都是在毛发较短或是不怎么卷曲的地方。眼睛和被毛的颜色不一定要完全相配。

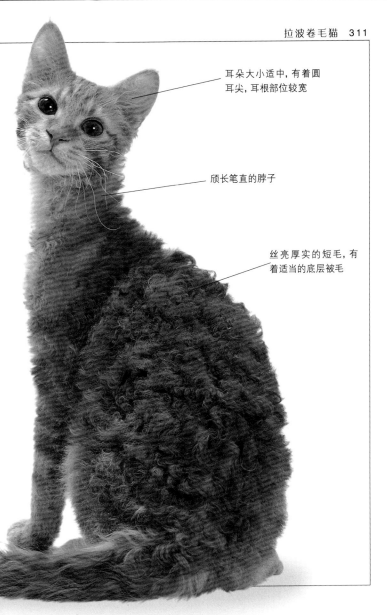

耳朵大小适中,有着圆耳尖,耳根部位较宽

颀长笔直的脖子

丝亮厚实的短毛,有着适当的底层被毛

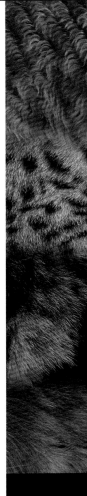

柯尼斯卷毛猫（Cornish Rex）

外向而优美的柯尼斯卷毛猫，有着搓衣板一样的波浪状毛发，它们是猫展上的常客了。它们是没有顶层被毛的，但它们的毛发有着令人骄傲的柔软触感，就像是修剪过的天鹅绒。这种猫在面部还有一个独特之处，就是它们奇特的大耳朵高耸在那个相对较小的脑袋上；除此之外它们的身体弓起，稳稳地"安"在四条精瘦的腿上。尽管大西洋两岸的柯尼斯卷毛猫被毛是一样的，但在身体构造方面却有些细微的差异。与美国的亲戚相比，英国的柯尼斯卷毛猫的身形看起来并没有那么娇小，这让它们看上去很像是一条猫一样大小的赛犬（正好，也是这个活跃的家伙给人的印象）。柯尼斯卷毛猫简直就是奥运会的跳高运动员，在它们看来，从地面蹿到你肩膀上和你打个招呼根本就是理所当然的。

品种毛色

包括深褐色和水貂色在内的所有毛色／图案

肉桂银色

玳瑁白色

巧克力重点色

红烟色

柯尼斯卷毛猫的腿很长，脊柱优雅地弯曲。背上和臀部的波状被毛最为明显。至于红色的毛色基因，Kallibunker——第一只柯尼斯卷毛公猫自己的后代身上就携带了这种基因。

身体十分健壮，骨骼良好；体形中等偏小

非常纤细的长腿

椭圆形的小爪子

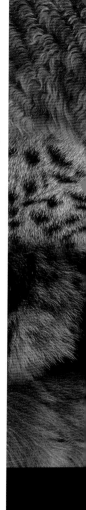

白色

这只雄性的猫代表了英国猫中比较有外来风格的一类长相。尽管柯尼斯卷毛猫体形纤细，但事实上它们的身体尤为健壮，而且它们的腿不应该过于细长。柯尼斯卷毛猫的鼻祖——Kallibunker 是一只有着独特外来长相的猫，但这种猫的品相却是由早期用于培育这个品种的猫来定义的，此后大西洋两岸的培育者们也就不得不依此来进行培育选择了。

奢华的丝状短毛

英国轮廓

与北美猫要求的曲线相反，英国标准要求柯尼斯卷毛猫应该有扁平的头骨、曲面的前额和一个直鼻子；整个脑袋看起来应该是楔形的。

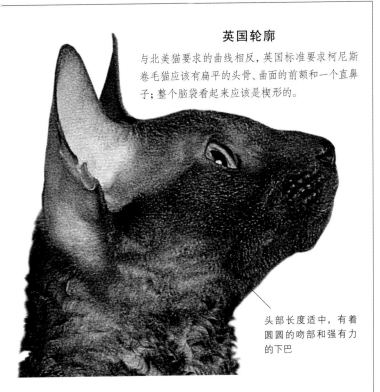

头部长度适中，有着圆圆的吻部和强有力的下巴

品种历史　1950 年，一只来自 Cornwall 的农场猫生了一只有卷毛的雄性小猫，我们把它叫做 Kallibunker。它的主人——Nina Ennismore 认出这很像是存在于兔子中的卷毛突变。通过将 Kallibunker 与其母亲进行回交，从而确认了卷毛的特征是隐性的。后代的猫继续和英国短毛猫及缅甸猫进行杂交。1957 年，柯尼斯卷毛猫被引入了美国，从而在那里引进了东方短毛猫和暹罗猫的血统。在德国，也有一种相似的卷毛品种为人们所熟知，它们是在 1951 年由一只被培育者收养的流浪猫发展起来的。

杯状的大耳
朵,高高竖在
头顶上

黑烟白色

由于柯尼斯卷毛猫没有护毛,所
以它们的白色底层被毛在烟色和银
色的被毛中也就变得十分显眼。这
些猫有着典型的北美猫体形,除此
以外还有一对滑稽的大耳朵以及
精心雕琢过的面部特征。

关 键 要 素

起源时间:20世纪50年代
发源地:英国
祖先:农场猫
异型杂交品种:无
别名:无
体重范围:2.5~4.5 kg
(6~10 lb)
性格:富有冒险精神的杂
技演员

玳瑁色

对于像柯尼斯卷毛猫这样被精心塑造的品种而言，标准更眷顾雌性的猫一些。这只玳瑁色的猫不仅表现出了柯尼斯独有的拱形脊柱，还有一个向上凸起的肚子，就和北美注册标准要求的一模一样。

蛋形的脑袋，有着弯曲的颅骨和古罗马式的轮廓

后腿要比前腿长

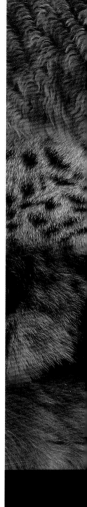

德文卷毛猫（Devon Rex）

惊人的大眼睛和超大的耳朵（位置生得很低）给了德文卷毛猫精灵般的小丑长相。它们有着涟漪般的被毛，有别于柯尼斯卷毛猫（见312页）那种波浪式的被毛。良好的培育使得这种猫的被毛得到巨大改善，只需要4个月而并非一年就会长成，并且几乎不会有不均匀的现象出现。由于和其他品种杂交（其中包括20世纪60年代和波斯猫的杂交），所以经常会生出长毛的小猫。尽管有人一再声称德文卷毛猫的被毛不会引起过敏，不过可没人敢做担保。所有的培育者一致认为，德文卷毛猫从来都是闲不住的，对它们而言，生活总是丰富而有趣的。因此它们也赢得了一个美名——"贵宾猫"。

德文卷毛猫的轮廓

我们在这里看到的这只蓝色猫有着短楔形的轮廓、弯曲的前额，在鼻子上有一个清晰的凹点。胡须垫十分醒目。

大耳朵的顶端是一个圆耳尖，耳根部位很宽

粗糙而且易断的胡子

品种毛色

包括重点色图案在内的所有颜色和图案

白色　　黑烟色和白色

红虎斑

这只红虎斑可是一只顶级的参展猫。为了配种，它很幸运没有被绝育，并且长出了一般老年公猫身上才看到的垂肉颊 (Stud Jowls)。而绝育的德文卷毛猫会保持经典的精灵脸形，所以在它们身上也就不会出现这种方正饱满的脸蛋了。

品种历史　　1960 年，Beryl Cox 在英格兰西南的德文郡老矿附近找到了一只新的卷毛猫。在和当地一只母猫交配以后，一只名叫 Kirlee 的卷毛小猫诞生在了这个平凡的猫窝里，这说明这种基因是隐性的，双亲几乎一定有着密切的关系，并且需要通过血系内繁殖来延续德文卷毛猫的"香火"。Cox 将 Kirlee 同一些雌性柯尼斯卷毛猫杂交，结果得到的只是直毛的后代。由于德文卷毛猫的基因是一种很特殊的基因突变，这个品种也就发展成了独立的品种。德文卷毛猫很快就在英国获得了承认，而在美国，德文卷毛猫于 1979 年从柯尼斯卷毛猫中分离了出来，获得了自己的地位。

啡虎斑

德文卷毛猫腿上的虎斑花纹是最明显的，因为那里的被毛比较短而且不是很卷。所有样式的斑纹图案都是可以接受的。

银玳瑁斑纹

由于在德文卷毛猫的培育中可以与其他的品种进行广泛的杂交，这使它们拥有了几乎无限的图案和毛色。卷毛可以很好地表现出渐变色效果，还能柔化身上的花纹。

柔软的短被毛，呈现出涟漪状或是旋涡状

爪子上的肉垫可以是任何颜色的

身体虽然苗条，但仍十分结实、健壮

黑烟色

第一只培育出来的德文卷毛猫——Kirlee 就是一只黑烟色的猫。由于一身卷毛，德文卷毛猫所表现出的黑烟色要比其他任何一种直短毛猫都要好得多；而且卷毛的毛色越深，卷毛与银白色底层被毛所形成的反差效果就越是醒目。自从这个品种诞生起，东方的外表便成为了它们的特征。不过，这张妖精一般的脸蛋经常会掩饰它们那强健的身体。

关 键 要 素

起源时间： 1960 年

发源地： 英国

祖先： 野生猫和家养猫

异型杂交品种： 1998 年以前，英国短毛猫和美国短毛猫

别名： 昵称"贵宾猫 (Poodle cats)"

体重范围： 2.5~4 kg(6~9 lb)

性格： 爱表现的美丽小丑

蓝奶油白色

我们可以很清楚地看到，德文卷毛猫有一个宽阔的胸部，不过，在配上它们细细的腿之后，总让人觉得它们是不是有些罗圈腿？当然，这种顾虑是完全不必要的，它们的腿并非真的弯曲，而且没有任何骨骼畸形的问题。

苗条的脖子

后腿要比前腿
长一些

斯芬克斯猫（Sphynx）

　　无毛猫在全球出现的时间并不一致。其实，斯芬克斯猫并不是真正无毛的，它们的毛发短得就像桃子的细绒毛一样，但质地却柔软得像羚羊皮或者鞣皮一样。由于没有隔热层的保护，斯芬克斯猫很容易受到过冷或过热的伤害，所以它们必须养在家里。在每一个空毛囊中都有一个分泌油脂的腺体。由于没有毛发来吸收油脂，它们需要每天用软羊皮来按摩。这个品种的拥护者们都认为它们的忠诚和调皮的天性与它们的无毛同样吸引人们。

斯芬克斯猫的头部

从它们的大眼睛、像罐子一样的耳朵，以及妖精一般的脸可以看出，斯芬克斯猫受到了德文卷毛猫的影响。它们的胡须（如果有的话）很脆弱，而且经常都是断的。

品种毛色

包括深褐色、重点色和水貂色在内的所有颜色和图案

玛瑙色　　白色　　黑色

蓝奶油白色

一般的猫在自己的被毛上表现出自己的毛色，而斯芬克斯猫则是在自己的皮肤上表现出自己的色彩。用不着特地用镊子去拔掉那零星的几根白毛，它们就已经是"一览无余"的了。除了那些"桃毛"，这种猫天生的无毛属性是十分重要的，因为在猫展上，如果有任何证据表明它们的毛是被人为剃掉的话，将会受到很严厉的判罚。

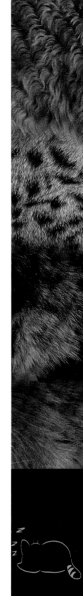

品种历史 第一只斯芬克斯猫 Prune 生于 1966 年，但随后它的血脉就断绝了。直到 1978 年，在多伦多，人们救了一只长毛猫和一只无毛小猫。这只小猫被绝育了，但它的母亲却随后又有了其他无毛的孩子。此后，有两只猫被带到了欧洲，其中一只与德文卷毛猫进行交配繁殖，于是无毛的后代就产生了（这说明了这种隐性基因相对德文基因而言具有一定支配性）。纽约的 Vicki 和 Peter Markstein 得到了一只昵称叫"E. T."的猫，并把它再次和德文卷毛猫杂交。如今这个品种只获得了 TICA 的承认，其他的主流协会都担心这种猫会有潜在的健康缺陷。在英国，GCCF 接受斯克斯猫的注册以确保它们的基因不会渗入德文卷毛猫的血统里。

很显然，它们身上是没有被毛的，但有细腻的绒毛

关键要素

起源时间： 1966 年

发源地： 北美和欧洲

祖先： 非纯种长毛猫

异型杂交品种： 德文卷毛猫

别名： 曾被叫做"加拿大无毛猫 (Canadian Hairless)"

体重范围： 3.5~7 kg（8~15 lb）

性格： 调皮，喜欢恶作剧

蓝色

同一种颜色，如果是出现在斯
芬克斯猫身上，那么看上去则
会比在其他品种身上表现得更
暖，因为它们的皮肤天生是粉红
色的。在某些光线条件下，像这
只猫一样的蓝色看上去倒更像
是其他品种身上的紫丁香色（淡
紫色）。

有力的脖子

圆柱形的身体结实
而又健壮

结实健壮的腿

加州闪亮猫
（California Spangled）

这种外向而又活跃的猫是一个结实而且肌肉发达的品种。它们的身体很长而且精干，但是由于体形关系，它们也比较重。圆圆的脑袋让人想起了许多小野猫，而致密的双层被毛则被培育得像是豹纹一般。加州闪亮猫那种野性的外观表明，猫家族中被毛多样化的特点在家猫中从来就没有失传过。培育计划曾创造了一只小猫，除了脸部、腿部和下腹部外，其他部位的被毛在出生时都是黑色的；但在成熟后，它们会展示出类似稀有的非洲王猎豹 (African king cheetah) 一样的被毛。

品种毛色

斑纹（斑点）
黑色、深灰色、啡色、青铜色、红色、蓝色、金色、银色

雪豹色
毛色和图案同标准斑纹

| 啡色 | 银色 | 金色 |

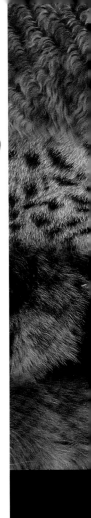

金色小猫

所有斑点纹的加州闪亮小猫身上的斑点都是与生俱来的。有"雪豹"斑点的小猫生出来的时候是白色的，而有"王猎豹纹"的小猫生出来的时候则是黑色的。至于蓝色的眼睛，在成长中会慢慢变成绿色或是金色。

直立的耳朵有着圆圆的耳尖，耳尖生在头上靠后的位置上

腿上有虎斑条纹

关键要素

起源时间：1971 年
发源地：美国
祖先：阿比西尼亚猫 (Abyssinian)、
暹罗猫 (Siamese)、英国短毛猫
(British Shorthair)、美国短毛猫
(American Shorthair)、曼岛猫
(Manx)、波斯猫 (Persians)、非洲
和亚洲的街头猫
异型杂交品种：无
别名：无
体重范围：4~8 kg(9~18 lb)
性格：温柔、外向

蓝色

加州闪亮猫身上的斑点形状不一，有圆的、椭圆的，还有三角形的。不过，无论是什么形状的斑点，都是出现面积越大越好。对于这种猫的图案和发展目前仍在研究中。这种猫身上的蓝色调可能不像别的品种那样偏冷，在一些色彩较淡的部位甚至能看到一些赤褐色。

品种历史　这个品种是加州的 PaulCasey 的杰作，是他开始创造这种有着野性外观却没有野猫血统的斑点纹猫。在起用了来自亚洲和开罗的许多非纯种猫以及一系列纯种猫（包括斑点纹曼岛猫、银斑点虎斑波斯猫、海豹重点色暹罗猫，还有英国短毛猫和美国短毛猫）之后，他终于创造出了他所期待的猫。1986 年，在百货公司的一阵猛烈宣传之后，培育者们都开始接受它们了。"闪亮 (spangle)"这个词原先只是一个鸟类学名词，意思是"斑点"。玫瑰花瓣纹或是环纹被毛与豹猫、虎猫和美洲虎如出一辙。这个品种在北美及其他地方还未获得任何认证。

椭圆形的眼睛
微微往上挑

头部有着宽阔的高脸颊和
饱满的胡须垫，显得十分具
有野性

修长健壮的
身体

埃及猫（Egyptian Mau）

　　埃及猫在长相上有很多地方都像是古埃及壁画或者绘卷中的那些猫（事实上"Mau"在埃及文字中就是猫的意思）。它们的体形和脸形比较吻合，被毛上也有着原棕色渐变的斑点图案。唯一不同的就是它们的眼睛，古代绘像中的埃及猫有着富有野性的眼神，而现代的埃及猫眼睛很圆，分得较开，并且明显透着一种惊惶的眼神。当然，这种无助的表情不过是个假象罢了，这种欢快而又合群的猫甚至会对自己"咯咯"地笑；同时，它们也完全继承了祖先留下来的那份与生俱来的自恃。

锥形的尾巴长
度适中

品种毛色
纯色
黑色已经出现，但未被接受
烟色
黑色
斑纹（斑点）
青铜色
银虎斑（斑点）
银色

烟色

埃及猫的烟色与其他品种的烟色都不同，一般的烟色都是纯色无斑纹的，而它们却偏偏有着独特的虎斑纹。有这种基因的猫通常会被冠以渐变色（Shaded）之类的名称，但它们的毛色却要比烟色埃及猫浅得多。白色的底层被毛恰到好处地表现出了对比效果。

关 键 要 素

起源时间： 20 世纪 50 年代

发源地： 埃及和意大利

祖先： 埃及街头猫、意大利家猫

异型杂交品种： 无

别名： 无

体重范围： 2.25~5 kg(5~11 lb)

性格： 友善而又聪慧

品种历史　如果说所有的家猫最终都能追溯到古埃及的祖先，那么埃及猫恐怕就是和它们的祖先最相似的一个了。旅居海外的俄罗斯人Nathalie Troubetskoy被这种生活在开罗街头的斑点花纹猫深深吸引，随后便将一只母猫带到了意大利，并让它在那里与一只公猫交配。1956年，她来到了美国，在此后的一年里，这种猫在美国获得了注册并在猫展上亮相。1977年，埃及猫获得了CFA的完全认可，并且在TICA里得到了展示的机会。不过遗憾的是，在欧洲，它们仍是默默无闻的。在英国，人们经常将埃及猫和东方斑点虎斑猫（见292页）混淆。

中等大小的圆楔形脑袋，没有任何平面的地方

埃及猫的脸

埃及猫的脸既不很圆，也不是楔形，总而言之就是很普通的脸形，鼻子从下往上一样宽，吻部的曲线沿着头部的线条自然流下。浓重的眼线让它们的眼睛显得更为突出。

青铜色

埃及猫只有三种颜色的外观，而青铜色则是其中最为古老的。其胁腹部的花纹是随机的，但是脊柱两侧的斑点则是对称分布着，并在尾根的位置并入背侧的条纹中去。

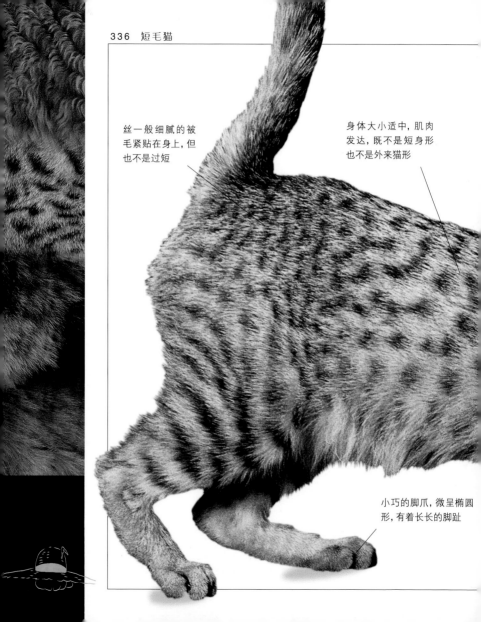

丝一般细腻的被
毛紧贴在身上，但
也不是过短

身体大小适中，肌肉
发达，既不是短身形
也不是外来猫形

小巧的脚爪，微呈椭圆
形，有着长长的脚趾

独特的斑点

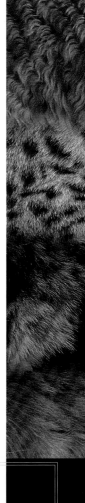

埃及猫的品种标准声称，埃及猫是唯一的自然斑点猫。理想情况下，它们的斑纹可以是任何形状、任何大小的，只要清晰就可以了。这些斑点应该随机散落在躯干各部位，并且完全不会受大理石纹或鲭鱼纹分布的影响。

中等偏大的耳朵，
直立或轻微外翻

鼻子平滑地从鼻尖弯
向前额，中间没特别
的凹点

腿部长度适中，有着很
好的肌肉组织

奥西猫（Ocicat）

奥西猫并不只是又一个有着不寻常斑点的新品种，它们可是综合了暹罗猫（见280页）和阿比西尼亚猫（见232页）血统特质的优秀混血。调皮而又好奇的奥西猫喜欢陪伴人类，而不愿忍受长期寂寞独居，它们幼年时十分聪明好学。它们不但肌肉发达，并且还惊人地结实，雄性猫要比雌性的大了许多。而这种猫最为与众不同的地方在于它们的斑点，可以分为经典斑纹图案和围绕胁侧旋转的图案。参加猫展的奥西猫则必须拥有完美的斑点。

紫丁香色或薰衣草色

更准确地说，这是巧克力色的浅色版，在淡黄褐色或象牙色的底色上有着淡紫色的斑点。这个品种的标准中允许出现轻微隐约的斑纹色，我们知道，这在浅色猫身上几乎是不可避免的。

结实而有力的身体，
体形较大，但很优雅

腿部的长度中等，
肌肉发达

黄褐色或棕色

从基因上来看，这就是啡虎斑，
只是 CFA 将这个毛色称作黄褐色
（Tawny）。在温暖、偏红的底色上
有着黑色或者深棕色的斑点。从
它们身上明快的赤褐色也可以看
出它们的阿比西尼亚血统。

品种毛色

斑纹（斑点）
黄褐色或褐色、巧克力色、肉桂色、
蓝色、薰衣草色、浅黄褐色
经典和鲭鱼纹图案
银虎斑（斑点）
毛色同标准斑纹
经典和鲭鱼纹图案
纯色
毛色同标准斑纹
烟色
毛色同标准斑纹

银色　　　　　浅黄褐色

蓝银色

银色的基因是它们在培育初期与美国短毛猫杂交得来的。配上白底色的银色被毛，足以让它们在任何地方都能够炫耀自己那显眼的花纹了。

优雅弓起的脖子

光滑细腻的短毛

耳朵比较大，而且有些向外翻

奥西猫的头部

奥西猫头部的花纹应该是清晰而又精致的。前额上的眉心纹与脸颊及鬓角上的"眼线"显得十分和谐。在黑眼眶外的"眼镜纹"让它们看上去像是戴了一副眼镜。

品种历史　　奥西猫的诞生是一次令人愉快的"事故"。密歇根柏克利 (Berkeley) 的 Virginia Daly 将一只暹罗猫和一只阿比西尼亚猫杂交，为的是培育出一只阿比西尼亚重点色暹罗猫。生下来的小猫看上去像阿比西尼亚猫，但后来再将它与暹罗猫杂交的时候，生下的小猫中不仅有阿比西尼亚重点色猫，还有一只有着鸳鸯眼的斑点小猫。Daly 的女儿注意到它很像是一只山猫 (Ocelot)，于是就给它起了个名字叫"奥西猫 (Ocicat)"。这第一只奥西猫后来还是被绝育并作为宠物出售了，但在重复上次的交配后，Dalai Talua——这个稀有品种的"夏娃"诞生了。另一位培育者 Tom Brown 帮助这种猫继续发展，并引入了美国短毛猫（见 190 页）血统。1986 年，这个品种获得了 TICA 的正式认证。

楔形的脑袋有
着宽阔的吻部

杏仁形的大眼睛微微
有些吊梢

肉桂银色小猫

奥西猫的花纹需要一些时日才能
完全长成。对于小猫或是年轻的
猫，往往只能沿着它们脊柱看到
一些单色的线条，而随着它们的
日益成熟，独立的斑点才会慢慢
显露出来。

尾尖上的颜色才最真实
地反映出了被毛的颜色

细长的尾巴

关键要素

起源时间：1964 年

发源地：美国

祖先：暹罗猫 (Siamese)、阿比西尼亚猫 (Abyssinian)、美国短毛猫 (American Shorthair)

异型杂交品种：阿比西尼亚猫 (Abyssinian)(2005 年之前)

别名：无

体重范围：2.5~6.5 kg(6~14 lb)

性格：外向而又敏感

肉桂色

奥西猫的品种标准要求它们有着野性的外表、优雅健美的体态。它们的斑纹首先是从脸上错综的线条开始，然后再慢慢发展到身上的斑点，最后是腿上的"臂镯"。

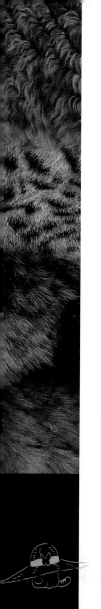

孟加拉猫（Bengal）

　　孟加拉猫拥有一身独特而又奢华的被毛，可惜它们在世界上的数量太少了。它们来自野猫的血统意味着可靠的性格将是培育计划中决定性的一环。奇怪的是，虽然孟加拉猫的数量相对较小，育种俱乐部的数量却是大大的。比如在英国，尽管这种猫的数量只有百来只，却有着三个不同的育种俱乐部。早期的培育过程中曾带入了一些令人讨厌的基因，为了缓解这种情况，长毛和斑点的基因被加入了进来，甚至后来还有暹罗猫的被毛图案，最后也就诞生了这种出众的雪白渐变色。

孟加拉猫的头部

孟加拉猫脸的长度要比宽度略多一些，有着高颧骨和饱满的宽吻部。它们的下颌十分强壮，分开的犬齿让它们的胡须垫看起来更加明显。眉心纹和断开的条纹覆盖了整个面部，黑色的鼻尖有着粉色的轮廓。从整体上来看，从额头到鼻子是一根很柔和的曲线，没有任何折断的地方。

品种毛色

纯色
黑色
斑纹（斑点、大理石纹）
啡色、雪白色

棕色大理石纹

这种图案应该与野猫的被毛更相似，但又不是那种经典虎斑条纹，十分独特且不对称。这些花纹不仅应该清晰，而且在孟加拉猫的标准中特别提到，它们应该能表现出三种不同层次的颜色：基本色、深色花纹，还有深色轮廓线。

圆楔形的小脑袋

粗壮的脖子

强壮有力的腿

圆圆的
大脚爪

品种历史　1963年，当Jean Sugden在加利福尼亚购买了一只亚洲豹猫，并将它与家猫杂交的时候，她想到的只是要竭力保护豹猫。10年后，加州大学的Willard Centerwall博士继续了这种杂交，目的在于检验亚洲豹猫(Asian Leopard Cat)对猫白血病病毒(Feline Leukemia Virus)的抵抗能力。从此时起，孟加拉猫正式出现了。Centerwall博士将他的8只杂交小猫给了Sugden(后来又再婚，叫做Mill)。第一只孟加拉猫——Millwood Finally Found是由Jean Mill在1983年申请注册的。起初，这是个有些神经质的猫家族，但在不断的培育和发展中，它们已经变得随和、外向多了。早期，它们是和非纯种猫进行杂交的，但当豹纹被毛出现的时候，它们开始和印度的街头猫以及埃及猫(见332页)杂交。

致密的被毛摸上
去很软

毛发的长度偏
短一些

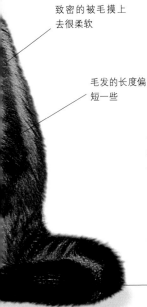

蓝眼白雪大理石纹

白雪的花纹来自一些重点色的非纯种猫，那些猫曾参与了孟加拉猫的培育。尽管品种注册机构总是竭力控制避免这类意外事件的发生，培育者们还是利用这一次令人"愉快"的事故，创造出了令人惊艳的猫。有限的颜色让人看到这种毛色的猫就想起了"珍珠粉"，至于这种毛的图案则和它们的彩色猫伙伴是一样的。

尾巴很粗,但很均匀

光滑的身体十分健壮,体形很大

后腿要比前腿长

关键要素

起源时间: 1985 年

发源地: 美国

祖先: 亚洲豹猫 (Asian Leopard Cat)、埃及猫 (Egyptian Mau)、印度街头猫、家猫

异型杂交品种: 无

别名: 曾被称为 "Leopardettes"

体重范围: 5.5~10 kg (12~22 lb)

性格: 优雅、保守

短耳朵上有着圆耳尖，
但没有绒毛；耳根部位
比较宽

椭圆的大眼睛，微微有
些往上挑

宽阔的胸部

棕色斑点

这是第一种稳定下来的毛色，棕
色的斑点纹与亚洲豹猫十分相
似，而且在每只耳朵后面都有浅
色的"单眼"纹。这种猫的基调
色是黄褐色，而花纹是深棕色或
是黑色的。它们脸上有着明显的
黑色轮廓，被毛上的斑点应该很
大，呈环状或是玫瑰花状并随机
分布。任何类似垂直鲭鱼纹或是
斑点纹下的图案都是应该尽力避
免的。

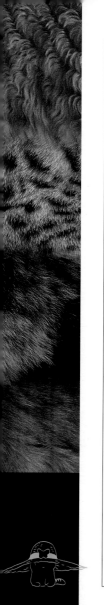

美国短尾猫（American Bobtail）

过去，在美国只有寥寥可数的两三只短尾猫或者无尾猫。直到前几年，来自苏联的一些品种，如库页岛短尾猫（见146页）才开始渐渐为人所知，并且一些新的品种也在北美地区开始了注册，而美国短尾猫便是其中的第一只。这种猫的基因背景并不是很清楚，它们短尾猫的血统也无法确定，不过日本短尾猫（见304页）和曼岛猫（见176页）的基因应该是存在于它们体内。和曼岛猫的标准不同，无尾的美国短尾猫不是用来参展的，在它们的跗关节以上应该要有一根短小的尾巴。

品种毛色

包括深褐色、重点色和水貂色在内的所有颜色／图案

浅黄褐色和白色

蓝虎斑

红虎斑

白色

斑点纹短毛

美国短尾猫的标准要求的是一只健壮、精力充沛、有着野性的外表、强壮的脑袋并具备狩猎的眼神的猫。美国短尾猫是一个晚熟的品种，甚至需要长达三年的时间才能完全长成。虽说是短毛猫，不过它们的毛发并不紧贴身体，而且还会显得有些蓬乱。

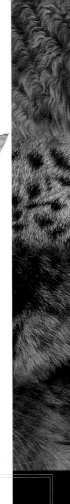

半短身形的身体，有着结实的肌肉

腿很粗，有着圆形的大脚爪

品种历史 说起这个品种的历史，就要提起爱荷华州的 John 和 Brenda Sanders，他们在亚利桑那州的美国印第安人保留地收养了一只随机繁殖短尾虎斑小猫。早先培育这个品种的时候，是为了要培育出类似雪鞋猫（见 208 页）那样图案的短尾猫，但这些猫开始进行血系内繁殖，并出现不健康的症状。后来的工作由 Reaha Evans 主持，不仅重新引入了更多的毛色和图案，并且还改善了这个品种的健康状况。1989 年，TICA 承认了美国短尾猫。

尾巴应该存在，只是仅限于跗关节之上

耳朵大小适中,高高"顶"在头上;
耳根部位很宽

经典虎斑长毛小猫

在美国短尾猫里也有短毛与长毛之分,但由于长毛的基因是隐性的,所以相对而言长毛猫会更少一些。它们半长的被毛和脸上长长的络腮胡子十分有魅力。尽管美国短尾猫的被毛看上去有些乱蓬蓬的,但事实上这些被毛并不容易粘起来。

宽阔的头部,略显楔形,有着带曲线的轮廓

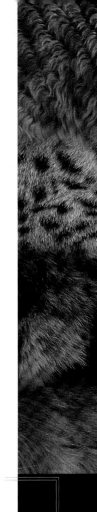

关 键 要 素

起源时间: 20 世纪 60 年代
发源地: 美国
祖先: 不确定
异型杂交品种: 非纯种猫
别名: 无
体重范围: 3~7 kg(7~15 lb)
性格: 友善而又好奇心重

北美短尾猫（Pixiebob）

　　家猫的体形配上野猫狂野的外表，这样的猫在近二十年来越来越流行，因此，北美的培育者们也就培育出了一种和本地短尾猫十分相似的猫。除了充满野性的外表，据说北美短尾猫还有狗的忠实性格。培育者们会建议主人们在选择这个品种前最好先考虑清楚，因为它们不太喜欢轻易挪窝，并且经常以独处之乐。它们那种野性的长相被形容为"这个品种独特之处的关键"。

品种毛色

斑纹色（斑点、玫瑰花瓣纹）
啡色
任意其他斑纹图案、其他颜色

棕色斑点纹小猫

绝大多数用于育种的小猫都是由农夫挑选好以后才交给培育者的。

圆耳朵的位置分得很开，生得十分靠后

北美短尾猫的头部

北美短尾猫的面部花纹应该十分浓烈，不仅在脸颊上有着清晰的眼线纹，还在眼睛的周围有着"眼镜纹"。耳朵上的山猫毛尖色会令人十分满意，但也不是必不可缺的。而在嘴唇和脸颊部位则应该保持奶油白色。

品种历史 据说，北美短尾猫的祖先是在郊区繁殖的短尾野猫和家猫的混血，尽管从 DNA 外形没有任何证据能够证明这一点。1985 年，华盛顿的 Carol Ann Brewer 得到了两只这样的猫，开始了北美短尾猫的发展历程，而 Carol 就是这个品种的创始人。自此，直到 10 年后，TICA才首次接纳了这个品种，但它们在北美以外仍是不为人知的。

关键要素

起源时间：20 世纪 80 年代
发源地：北美
祖先：家猫，可能还有短尾猫
异型杂交品种：啡虎斑非纯种猫
别名：无
体重范围：4~8 kg(9~18 lb)
性格：安静而又亲切

随机繁殖猫

　　随机繁育的猫没有俱乐部来推动发展，也没有浪漫的历史或是什么皇家渊源令大众着迷，然而这些猫咪却是最常见的猫。在不同的地区，这些猫也有着差异化的趋向。在高寒地区，你能找到那些坚强、健壮的猫；而在气候较为温暖的地区，你则能看到更为轻巧、苗条的猫。东方猫的毛色和重点色斑纹在西方非纯种猫身上还是很罕见的，尽管这些基因已偶尔从纯种猫身上渗入到了普通群体身上。

经典啡虎斑白色

到18世纪，欧洲的经典虎斑猫在数量上已经超过鲭鱼纹猫。事实证明，由于啡虎斑的斑纹色要比鲭鱼纹深了不少，这就为它们在城市环境中提供了更好的隐蔽性。

经典红虎斑白色

由于白色斑点的基因是显性的，使得双色在家猫中十分普遍。

奶油斑纹色

在最早的纯种猫里，奶油色被视为不足的红色。几十年来，培育者们已经培育出将红色调变淡的奶油色被毛的纯种猫。

蓝白色

蓝色猫在欧洲很多地方都十分常见，而且夏特尔猫（见218页）就是这么发展而来的。许多随机繁殖猫的毛色往往要比纯种蓝猫的毛色深，并且没有那样美丽而又多变的眼睛颜色。因为，眼睛的颜色必须要通过选择培育才能获得。

猫的身体

　　猫几乎可以说是设计完美的掠食者。它们超强的平衡性和灵活性使它们能够捕捉到小型的猎物，并且从更大的掠食者那里逃脱。它们的大脑、神经和激素调节确保它们不会浪费任何能量，同时它们还有相当大的爆发力。家猫的解剖结构与它们的野生近亲儿乎完全相同，大多数的健康问题都是由于受伤或疾病引起，而绝非由糟糕的生理结构带来。它们的内部脏器和身体机能已经适应各种生存条件；它们的消化系统及排泄系统允许它们拥有比其他驯养动物更长的空腹时间；还有它们独特的生殖系统确保了它们每年都能够成功完成交配。

遇到危险的小猫

猫会向后折起耳朵作为恐惧的信号。

尽管猫是"独居"的猎人，可以满足于自己的世界而没有其他猫或人的存在，但现在它们也从"完全独立"渐渐进化为"愿意依赖"。从它们对其他猫以及人类所表现出的行为，就可以折射出这种革命性的转变。人类对家猫生活环境的介入改变了它们的自然行为。人类将小猫抚养成大猫，在这个过程中，人们让成年猫对人类有了更强的依赖性和社会性。尽管有了这些关键性的变化，猫对捕猎的天生需求似乎就像母猫会怀孕并生下小猫一样，一点都不会改变。

垂直攀爬

强有力的腿部肌肉、灵活的关节、可伸缩的爪子以及独特的平衡感，使猫咪完全能够适应垂直的环境。

猫的基因

　　尽管遗传学的细节内容十分复杂和繁琐，但关于这些遗传特征方面的基础还是十分简单的。所有的生命信息都蕴含在每一个身体细胞所携带的基因里，遗传总是按照最简单的数学法则进行。猫咪身体里的每一个细胞在生长到一定阶段都有一个细胞核，每个细胞核中包含 38 条染色体，相互组成 19 对，这在强力的高倍显微镜下是可以看到的。每一个染色体都是由一个双螺旋结构的脱氧核糖核酸 (DNA) 组成的，这些 DNA 依次组成成千上万的单位，我们称之为基因，它们像念珠一样串在一起。每一个基因由"A、T、C、G"四种不同的蛋白质组成，它们连结在一起，为猫咪生命的方方面面提供信息。

双亲的每一方提供一半的染色体

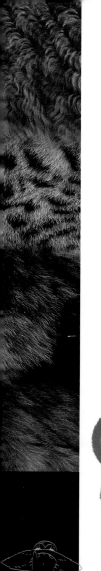

细胞核携带了复制细胞所需的所有信息

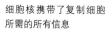

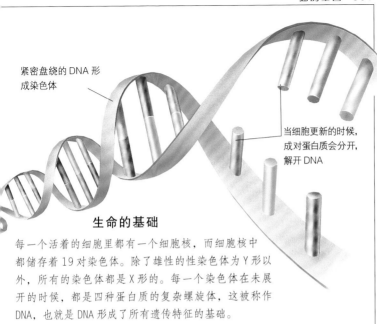

紧密盘绕的 DNA 形
成染色体

当细胞更新的时候，
成对蛋白质会分开，
解开 DNA

生命的基础

每一个活着的细胞里都有一个细胞核，而细胞核中
都储存着 19 对染色体。除了雄性的性染色体为 Y 形以
外，所有的染色体都是 X 形的。每一个染色体在未展
开的时候，都是四种蛋白质的复杂螺旋体，这被称作
DNA，也就是 DNA 形成了所有遗传特征的基础。

复制与突变

每次当一个细胞（比如皮肤细胞）被更换的时候，它的染色体就会被
复制下来。此时，核糖核酸 (RNA) 就会生成，用来复制每一半的链，然
后蛋白质就会以此作为模板形成新的 DNA。复制的过程极其准确，在几
百万次的复制中，可能只有偶尔的一次错误或是突变。信息以一种独特
的方式传递给下一代。卵细胞和精子中各含有 19 条染色体。受孕时，卵
细胞里的 19 条染色体会和精子中的 19 条染色体结合，组成新的 19 对染
色体。小猫也就从父母那里各继承一半的遗传物质。当染色体配对后，
每个特征的基因也就配对了。有时在卵细胞或是精子里会发生突变，创
造出新的特征。

等位基因

某一个特征的特定信息总是携带在每一条染色体的同一个位置上。在一对基因里，这对位置被称为等位基因。在等位基因中，它们所携带的信息可能会有不同。如果在这个位置所携带的信息相同，我们就称之为纯合；如果信息是不同的，那我们就称之为杂合。

成对 (Matching Pair)

一个遗传特征总是由来自于父母双亲的基因所决定的，而决定性信息就位于成对基因的相同对应位置上。

显性特征与隐性特征

遗传特征会产生差异（比如被毛长度），如果只需一份基因拷贝就能表现出其效果的基因，我们就称之为显性；如果需要两份基因拷贝（对染色体上每一个都是）才能表现出效果的基因，我们称之为隐性。原来就有的特征大多都是显性特征，而新的突变则大多为隐性特征。例如，原来就是短毛的猫，我们把控制短毛特征的基因标记为 L，但很早以前发生了突变，形成了会产生长毛的隐性基因，我们将其标记为 l。

一只表现出显性特征的猫可能是杂合子，即携带了被显性基因"掩盖"了的隐性基因；而一只表现出隐性特征的猫，则一定是该特征的纯合子，没有任何别的可能性。两只杂合子短毛猫（都是 Ll，携带有可能生出长毛猫的隐性基因）如果交配，则一般可能生出两只 Ll 上猫、一只 LL 小猫，以及一只长毛的 ll 小猫。从前三只小猫的外观上，我们无法推断出哪些小猫携带有能生出长毛小猫的 l 基因。

孟德尔遗传模式

在猫的外表上，许多主要的特征都已经被验证过了。显性的特征用大写字母来表示，隐性的特征则用小写字母表示。一只短毛的猫将以 L 来标记，除非是测试交配才会使用 LL 来表示。因为 L 在等位基因里只需出现一次就可以表现出相应效果，而配对基因中的第二条基因往往是无法得知的。

A	刺鼠纹，或虎斑纹
a	非刺鼠纹，或纯色
B	黑色
b	褐色，或巧克力色
bl	浅褐色，或肉桂色
C	全色，或单色
c^b	缅甸猫图案，或深褐色
c^s	暹罗猫图案，或重点色
D	浓重色，深色
d	淡化色，浅色
l	抑制，或镀银色
i	着色良好，直至毛根
L	短毛
l	长毛
O	橙色，或伴性的红色

o	黑色化、非红色
S	白色斑点，或双色
s	全身单色
T	条纹，或鲭鱼纹
T^a	阿比西尼亚纹，或间色纹
t^b	经典斑纹
W	白色，掩盖其他一切颜色
w	一般色

遗传模式

这个图表显示出长毛特征和短毛特征是如何传递的，并给出了许多次交配中的一般结果。

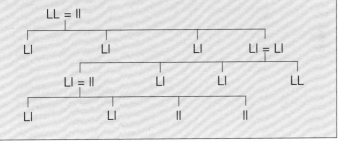

奠基者效应

几十万年来，今天的家猫的非洲祖先几乎一直是清一色的短毛条纹猫。然而，仅仅在迁出非洲的几千年间，就有上百种的毛色、图案和毛长出现了。在巨大的北非猫群体中，一些随机的突变基因想要广泛蔓延开来是几乎不可能的事情，除非这种突变能为猫带来巨大的优势。大多数的基因突变，只是在短短的几代猫里就消失得一干二净了。不过，在一个孤立的猫群体中，突变能幸存下来的机会就要大得多了。比如，斯堪的纳维亚的橙色–白色猫，或是美国马萨诸塞州的波士顿和加拿大哈里法克斯 (Halifax) 的六趾猫，都是从常规基因突变而来的。当这些猫被带到了猫很少甚至是无猫的地区，它们就在很小的基因库中占有了很大的比例。对于一个猫群体的早期成员具有长期的基因影响，这就被称作"奠基者效应 (Founder Effect)"。奠基者对一个新的群体往往会产生强有力的影响，这样也就可以解释为什么有些特定的图案和毛色会在一些国家特别盛行了。那么，究竟是什么造就了品种呢？从纯遗传学的观点来看，这样的东西根本就不存在，因为一个品种内部存在的潜在基因差异要比两个不同品种间的一般基因差异重要得多。举个例子来看，两只暹罗猫之间的 DNA 组态 (DNA Profile) 差异，很可能要比一只暹罗猫和一只波斯猫的基因图谱差异还要大得多，而对品种的定义仅仅是由几个显而易见的效果来决定的，诸如毛色、毛长或是体形之类。

品种和遗传疾病

培育者们使用遗传法则来选择特定的特征，例如毛色或是体形什么的，然而不幸的是，它们有可能在无意中也选择了另外一些隐藏的、危险的基因，这就是遗传疾病如何产生的原因。例如，波斯猫饱受多囊肾（polycystic kidney）的折磨，而德文卷毛猫则携有肌肉失常的问题。

　　由于有着适者生存的法则，这些危险的基因会被从基因库里抹掉，或是维持在极低的水平上，但由于有了选择培育，也使得它们被保存了下来并不断传递，这是猫咪们面临的最严重的遗传学问题。科学家们正在更多地了解猫咪的遗传问题。美国国家癌症中心 (The National Cancer Institution in the United States) 已经有了一个基因图谱 (Gene Mapping) 项目，来研究猫的遗传问题。在英格兰，Alex Jeffreys 开发出了"基因指纹 (Genetic Fingerprints)"，通过 DNA 样本就能进行个体鉴别，我们用这项技术来研究起源问题。然而，由于纯种猫经常会拥有相似的 DNA，所以尤其对于一些稀有品种，基因识别技术只能排除掉雄性，而不能鉴别出具体个体。在现实中，绝大多数猫的交配仍是随机的，自然选择仍是对家猫的未来基因影响最大的一个因素。

六趾猫

至少有两个基因与多趾（多余的脚趾）现象有关。最早的六趾猫出现在被带往波士顿和哈里法克斯的猫中间。现在，这个特征在这些地方要比在世界其他地方更为常见。

被毛的颜色

　　最初，猫咪的被毛都是有着色带的刺鼠纹毛发，这主要是为了在自然环境中能够有更好的隐蔽性。第一次的突变，可能是从这种刺鼠纹被毛转向了黑色的单色被　毛。这种突变在其他的猫科动物里也很常见，比如"黑色的金钱豹"或是"黑色的美洲豹"。其他突变还相继产生了红色、白色以及各种单一色的淡化色。这些少量的基因变异为今天存在的许多毛色种类建立了新的框架。

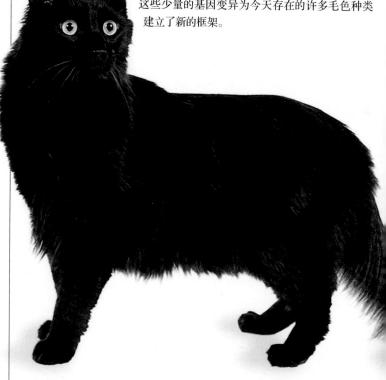

自然差异

淡化纯色总是育成纯种的，它们渐渐成为了包括俄罗斯蓝猫在内的许多自然发展品种的定义特征。

染色

　　所有的有色毛发都含有不同数量的两种黑色素——优黑素 (eumelanin) 和褐黑素 (phaeomelanin)。优黑素可以产生黑色和棕色，而褐黑素则可以产生红色和黄色。所有的颜色都是由每根毛发的毛干中这两种色素颗粒的存在或缺乏所决定的。色素在皮肤细胞内产生，被称作黑素细胞 (melanocyte)，这些细胞的分布是由遗传决定的。有着单一颜色"非刺鼠纹"毛发的猫咪被称作纯色或单色。纯色被毛是隐性的，猫咪必须携带两份非刺鼠纹基因（见 362～363 页），才能掩盖它们"真实的"原始斑纹图案（见 374～377 页）。

隐秘

黑色是最主要的黑素色，它会被白色或红色掩盖，但同时它本身也会掩盖其他颜色的遗传可能性。

颜色的浓度

有些猫有着各种颜色的明亮被毛，这包括了黑色、巧克力色、肉桂色和伴性的红色，有着这些毛色的猫至少要有一份"浓重"基因 (D)，这种显性基因确保了每根毛发都被无数的色素颗粒所填满，使得毛发有着最饱满的颜色。其他还有一些猫，有着蓝色、淡紫色、浅黄褐色以及伴性的奶油色这类淡化色的被毛，这些猫都有着两份隐性的淡化基因 (d)，这种隐性基因使每根毛发里都只有较少的色素颗粒，而产生的效果就是创造出比浓重色浅的渐变色。一些培育者们认为，存在着一种"淡化修饰"基因，称作 D^m，与淡化基因 d 比起来，这个基因更有优势，但它们可能位于同一株染色体的不同位置上，所以它能够与 d "相互作用"。如果一只猫同时携带有 dd 淡化特征和 D^m 基因，那它可能就会有"修饰的"颜色：蓝色。

猫的毛色

浓重	淡化	淡化修饰
黑色 B– D–	蓝色 B–dd	焦糖色 B– $d^m d^m$
巧克力 bb D–	淡紫色或薰衣草色 bb dd	焦糖色 bb $d^m d^m$
肉桂色 $b^l b^l$ D–	浅黄褐色 $b^l b^l$ dd	未定义褐色 $b^l b^l$ $d^m d^m$
红色 D–O/O(O)	奶油色 dd O–/O(O)	杏仁色 $d^m d^m$ O–/O(O)
巧克力玳瑁色 bb D– Oo	淡紫玳瑁色或淡紫奶油色 bb dd Oo	焦糖色 玳瑁色 bb $d^m d^m$ Oo
肉桂色 玳瑁色 $b^l b^l$ D– Oo	浅黄褐色 玳瑁色 $b^l b^l$ dd Oo	Undefined 玳瑁 $b^l b^l$ $d^m d^m$ Oo
Tortoiseshell B– D– Oo	蓝色 玳瑁色 or 蓝色 - 奶油色 B–dd Oo	焦糖色 玳瑁色 B– $d^m d^m$ Oo

红色的缅甸猫

尽管伴性的红色存在于东亚，但西方的第一只缅甸猫是褐色的。红色的猫是被改造的，而且现在仍未受到普遍认可。

伴性的红色

有足够的有力证据表明，猫体内的红色和橙色基因都位于决定性别的 X 染色体的某个特定位置上。当它为显性形式 (O) 时，猫就是红色的；而当它为隐性形式 (o) 时，它会让猫咪携带的任何颜色都变成透明的。雄性的猫有着 XY 这种组合的染色体，所以永远只能拥有一份这样的基因。如果这只猫携带的是 O，那么它就是红色的；如果它携带的只是 o，那么它就是别的什么颜色的。由于母猫拥有 XX 这样的组合，它们就可以携带两份这样的基因。如果她携带的是两份 O，那么她就是红色的；如果她携带的是两份 o，那她可能就是另一种颜色。这种组合让她成为玳瑁色的猫。这种镶嵌式组合与其他的色彩控制基因相互作用，在所有的单色和淡化色中产生了玳瑁色。

东方色和西方色

传统的西方猫被毛色都是黑色及其淡化的蓝色，或是红色及其淡化的奶油色，再加上它们的双色版本和纯白色版本。西方的品种，诸如英国短毛猫、美国短毛猫、欧洲短毛猫（见164、190、212页）、缅因浣熊猫（见46页），还有挪威森林猫（见58页）都是始于这些毛色的。有些品种甚至还有更为独有的颜色，例如土耳其梵猫（见86页），只有红色和奶油色的双色版本（然而，现在有很多其他颜色已经被培育出来，并已经获得了FIFé的承认）。

梵湖图案

这种最初发现于欧洲地中海地区的猫群体身上的图案，现在已经在悉心培育的纯种猫身上广泛存在了。

传统的东方毛色是巧克力色及其淡化的淡紫色，还有肉桂色及其淡化的浅黄褐色。不过，现在猫的被毛色已经从一组品种"调换"到了另一组。在英国，东方毛色的英国短毛猫已经被承认了；与之相似，现在的美洲缅甸猫（见262页）也经常被培育成"西方的"红色和奶油色。

白色和双色

无论是全身白色基因 (W)，还是为我们带来双色效果的斑点白色基因 (S)，对于所有其他颜色的基因而言，白色是最有优势的。与其他任何颜色的毛发都不同，白色毛发不含有任何产生颜色的色素。在它们雪白的外表下，白猫在遗传上来看实际上是有颜色的，并且会不断把这个颜色的可能性传给自己的子孙。白猫携带着优势的 W 基因，这种基因会掩盖其他任何颜色的基因表达。通常而言，当小猫刚出生的时候，你可以从它脑袋上的毛发（"小猫帽 Kitten Cap"）隐约发现猫咪隐藏着的毛色。随着小猫的长大，这个帽子很快就会消失，只留下纯白色的毛发。尽管白色的猫通常都会有美丽的蓝眼睛，而不容易看到黄色或是橙色的眼睛，但耳聋的问题也时常会伴随着 W 和 S 基因。不过，这些白猫和患白化病的猫是不同的，患白化病的猫眼睛会因缺少色素而呈现出粉红色。患白化病的白猫是极其罕见的。

双色的猫有着白色的被毛，配上其他斑驳的颜色（玳瑁色和白色还会被区分为双色或三色）。双色猫分成两类：标准的双色猫全身必须要有三分之一到一半的部位均为白色，并且集中在下半身和腿部；梵湖图案的猫最初只出现在土耳其梵猫身上，但现在我们也可以从别的猫身上看见了，这种图案由大块的白色和仅限于头部及尾巴的其他单色或玳瑁色组成。有一个理论认为，后者携带有两份白色斑点基因 S，所以给予了它们极为丰富的白色。

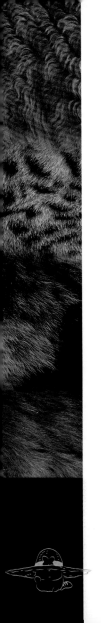

毛色的标准

尽管只有很少的一些基因能够产生单一的纯色，但是各个品种协会根据不同的猫为同一种遗传色起了不同的名字，这就把事情给复杂化了。这种做法不仅在有图案的被毛中最为盛行，对纯色被毛也同样如此。淡紫色（紫丁香色）在北美的一些协会中被称为薰衣草色；黑色的东方短毛猫（见 292 页）被称作黑檀木色（Ebony）；巧克力色的东方短毛猫在英国被称作哈瓦那色（Havana），在北美被称作栗色（Chestnut）；而看上去与肉桂色更接近的巧克力色哈瓦那褐猫（见 228 页）也被称作栗色。红色的猫通常会用"纯红色猫（Red Selfs）"来特别指明，因为纯红色和红虎斑之间的区别是十分微妙的。此外，红白色的土耳其梵猫也被称作"赤褐白色（Auburn–and–White）"。玳瑁白色

不断成熟的毛色

和这只年轻的安哥拉猫一样，许多纯色猫（尤其是红色）身上，都会显现出一些残余的花纹，我们称之为"幽灵纹（ghost markings）"。

镶嵌色

斑点基因S在玳瑁镶嵌色上似乎具有可以预料的效果，纯玳瑁色也许还会巧妙地混杂着一些颜色，但玳瑁白色则几乎总是会表现出大块的黑红色独特补丁。

的毛在CFA被称为"三花(Calico)"，因为它们看上去就像是印染出来的三花布。根据品种标准，鼻子、嘴唇以及肉垫（皮肤）上的颜色应该与被毛色保持和谐，所以粉色配白猫，黑色配黑猫，蓝色配蓝猫，粉色到砖红色才能配上红色的猫。当然，这也不是一成不变的，皮肤的颜色有时是根据特殊品种，甚至根据协会而定的。

被毛的图案

　　在种类众多的色彩和被毛图案之下，所有的猫都保存着隐藏的斑纹。就像大多数娇贵的宠物猫都保留着掠食者祖先的能力一样，在精致外表之下的隐藏的斑纹图案也是来自猫咪祖先的记号，让它们能够随时回到最初的状态。

　　通过选择培育，斑点、毛尖色和重点色图案都被培育者们培育了出来（甚至可以说是创造了出来）。这些图案可能是由猫被毛图案的基因突变产生的，这些突变会让它们在野外环境中的自然隐蔽性降低，但对于生活在人类环境中的猫而言，这不再意味着危险。

伪装的猫

所有的纯色猫都有隐藏的斑纹，如果一只纯色猫被培养成了虎斑猫，那么至少它生出的小猫中会有一些也是虎斑猫。

两种斑纹

鲭鱼纹（左）图案对于经典斑纹（右）在遗传上更具有优势，但在欧洲、北美和澳大利亚的猫中，经典斑纹更常见。

斑纹的继承

　　家猫的祖先——非洲野猫有着条纹状的斑纹，为野外的隐蔽和狩猎提供了良好的伪装。原始而又显性的斑纹图案会被所有的家猫继承。在条纹和斑点纹之间，有着有色带纹，这种花纹几乎无一例外地是毛根颜色浅，毛尖颜色深，起伪装的作用。这种斑纹在其他动物身上也有发现，比如松鼠、老鼠以及刺鼠（这种图案也以这种啮齿动物的名字命名）。这些有色带纹让它们有一种灰白色的外观，与条纹一同混入了各种不同的环境中。

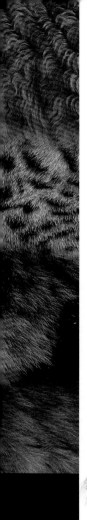

显性图案

　　所有的猫都会继承一些形式的斑纹图案,甚至是那些有着单色或"纯色"被毛的猫也不例外。遗传学家将显性刺鼠纹基因称作 A。任何只要从一个亲代继承 A 的猫都会获得这种图案,并将被标记为 A-。单色之所以会存在,是因为遗传上还有刺鼠纹的隐形替代基因,称作非刺鼠纹或 a。

　　从双亲那里同时继承到这种基因(我们标记为 aa)的猫,就会呈现出单一的、均匀的被毛。但通过仔细检查后,还是能发现隐藏的斑纹。这种幽灵一般的图案在小猫身上较为明显,通常会随着年龄的增长而消失。对猫而言,可能会有四种最基本的斑纹:鲭鱼纹或条纹、经典纹、间色纹或阿比西尼亚纹,以及斑点纹。尽管这四种斑纹看起来各不相同,事实上它们都是同一种自然显性斑纹基因的不同突变体而已。

图案上的图案

在玳瑁镶嵌图案上的斑纹造就
了最为复杂的图案。

新斑点

奥西猫这类新品种身上的图案，往往是为了模拟那些野生猫科动物而被创造出来的。在这些新品种斑点图案的背后，其遗传性状还未被定义。

着色

鲭鱼纹的条纹比较窄，呈平行状，从脊柱向下延伸到胁腹部区域。直到几个世纪前，这个图案在欧洲都是最为常见的。后来，它们被经典斑纹所超越。

经典斑纹有着更宽的条纹，在胁腹位置形成牡蛎形的"漩涡"。这种图案有可能是在18或19世纪由英国输出，漂洋过海去了其他地方。经典纹在北美和澳洲猫身上的分布也从一个侧面表明了它们受欢迎的程度。

间色纹则更为巧妙，清晰的花纹仅限于头部、腿部、尾巴和身体。间色纹被毛似乎应该是向东扩展进入亚洲，而不是向北蔓延进入欧洲的。间色纹在斯里兰卡、马来西亚和新加坡被发现。

斑点纹猫有着带斑点的身体。斑点图案通常都在条纹断裂的位置形成。在欧洲和美国，许多斑点都出现在鲭鱼纹的猫身上，当然这也不是说它们就不会出现在其他图案上了。奥西猫（见338页）身上那些斑点就落在经典纹图案上，而埃及猫（见332页）身上的斑点则是随机出现的。

重点色图案

像这只伯曼猫一样，重点色基因会和其他所有毛色及图案相互作用。

色点图案

Ｉ基因并不是唯一限制颜色的基因。仅限于四肢和首尾的毛色叫做重点色。重点色的猫身体毛色较浅，但"重点"部位毛色较深，也就是说，在它们耳朵、脚、尾巴和鼻子部位的毛色比较深。对于雄性的猫而言，还有它们的阴囊部位毛色也比较深。在猫的色素细胞里有一种热敏感的酶控制着这种图案。对于猫身体的大部分而言，通常的体温就会抑制色素的产生；而这种酶在我们所见到的色点部位十分活跃，毛发色素沉着，而这些部位的皮肤温度恰恰比较低。

重点色可以发生在任何毛色和图案上。由于毛发对温度是很敏感的，那些生活在凉爽地区的猫身上的毛色总要比那些生活在温暖地区的猫要深些。小猫出生的时候是白色的，但所有的猫身上的毛色都会随着年龄的增长而显著加深。最明显的例子就要数暹罗猫（见 280 页）的图案了：几乎是白色的身体和很深的色点。不过，美洲缅甸猫（见 262 页）的图案就比较特殊，身体和色点之间几乎没什么差别，以至于有些人不认为它们是重点色的猫。

被毛图案

纯色

(aa, 非刺鼠纹)

斑纹

(A-, 刺鼠纹)

所有的猫都携带有一种斑纹图案，可能是条纹 (T –)、间色纹 (Ta –)、经典斑纹 ($t^b t^b$)，或是别的什么尚未定义的斑纹图案。aa 等位基因掩盖了一些斑纹图案，这时，黑色素会充满整根毛发，而这只猫看上去就是纯色或玳瑁色的。A – 等位基因表现出的是斑纹花纹。无论一只猫有 A – 还是 aa，都对伴性的红色是无效的。这些红色中，纯色和斑纹色的区别就在于微妙的多基因共同效果，是它决定了花纹是微弱还是强烈。

烟色

(aa I-, 渐变非刺鼠纹)

银虎斑、渐变色、毛尖色

(A- I- 渐变刺鼠纹)

抑制基因 I 阻止了颜色的产生。非刺鼠纹的猫只有毛根是白色的，而刺鼠纹的猫则有更多的毛干受到影响。渐变纯色和银虎斑的不同就是因为依赖于斑纹图案强度的多基因的作用。多基因效果同样将渐变色与毛尖色区分开来，尽管有一些人声称那是因为存在一种"宽条纹"的抑制基因。在伴性红色的猫里，烟色、渐变色、银虎斑和毛尖色猫的区别都在于多基因作用。

暹罗猫

($c^s c^s$, 重点色)

缅甸猫

($c^b c^b$, 深褐色)

东奇尼猫

($c^b c^s$, 水貂色)

从技术上说，所有这些猫的毛色都应该被算作重点色。它们都是热敏感的，实际上所有的颜色 (如暹罗猫) 或是最深的颜色 (如缅甸猫) 都集中在较凉的四肢或首尾，或是身体的某些点位置。这些颜色也会稍微弱化或是淡化，比如黑色在暹罗猫身上会变成海豹色，而在缅甸猫身上会变成紫貂色。东奇尼猫没有完全属于自己的基因，它们是重点色和深褐色的柔和版混血。在这些图案里经常会产生变异，也就是我们所知道的水貂色图案。

脸形和体形

    大多数猫的品种并不是按照毛色和图案来定义的——许多品种在这方面都有着类似的属性。其实,品种和品种之间更多还是依靠脸形和体形特征来区分,有时还要依靠一些独特的身体特征,比如无尾或者折耳。各种猫在性格上的差异很大程度上也与不同的体形相呼应,比如,与紧凑、肌肉粗壮的猫相比,精干修长的猫通常更为活泼和外向。这些品种体形方面的差异遵循着地理上从西方到东方由紧凑粗短渐渐变为丝亮纤细的原则。

老式的面孔

金吉拉作为波斯猫 (Longhair) 诸多毛色中的一种,避免了这个品种与生俱来的短脸。在南非,它们甚至还有自己独立的品种标准,允许它们有更长一些的鼻子。

波斯猫的外观

随着时间的流逝，波斯猫的脸变得越来越平。关于它们脸形的接受度是根据不同的注册机构而有所不同的。

品种差异

　　今天我们所看到的品种差异，都是由猫群体中自由繁殖而产生的自然变异而发展起来的。这些体形上的原始变异在很大程度上都是由它们所处的环境而造成的。一个品种的体形往往都清楚表明了其地理发源地。

独特的变化

如同许多近期发展起来的品种一样，苏格兰折耳猫也是以一个独特而富有魅力的特征而著称的。注册机构对品种特性清晰明确的要求十分严格，所以这种潮流看上去还会升温。

寒冷气候里的猫

　　最沉、最紧凑的家猫是通过在寒冷的气候中自然选择进化而来的。许多这一类的"自然品种"都有着大而圆的脑袋、较宽且较短的吻部、健壮的身体、宽阔的胸部、结实的腿、圆圆的脚爪，以及稍偏短一些的粗尾巴。事实上，它们这样的体格是为了尽可能多地保存身体热量。

　　在短毛猫中，英国短毛猫（见 164 页）、美国短毛猫（见 190 页）和看上去矮矮胖胖的夏特尔猫（见 218 页）是这种短身形猫的最好代表。其他从这些品种中分离出去的品种，最先可能只是在身体的某一个方面与它们产生了差异。苏格兰折耳猫（见 186 页）就是从英国短毛猫发展而来的，主要以其特别的耳朵而著称。尽管美国硬毛猫（见 196 页）现在看上去已经变得更为"东方"或是"外来"，但它们却是由美国短毛猫培育而来的。曼岛猫（见 176 页）则应该说是与英国短毛猫平行发展起来的品种，而不能说是英国短毛猫的旁系了。不过，它们现在看起来要比它们的近亲还要更重一些。

　　早先的长毛猫，如波斯猫或长毛猫（见 16 页）都有着粗壮的肌肉。它们的身体特征使它们抵挡住了土耳其、伊朗和高加索高山地区的严寒。时至今日，这些品种仍保持着早期就拥有的强壮体魄，而其他一些特别的特征（如扁平的脸）则通过几十年的选择培育被引入，甚至夸大了。还有一些体形结实而又健壮的长毛猫也在北方气候中发展了起来。挪威森林猫（见 58 页）、西伯利亚森林猫（见 64 页）、缅因浣熊猫（见 46 页）都在寒冷的气候中从农场猫渐渐进化为　部分生活在室外的猫。

"卑微"的起源

英国短毛猫的祖先要么就是很辛苦的捕鼠猫，要么就是在城市的街巷中艰苦地独立生存着。所以，保留至今的特征就是健壮、结实的体形和能在湿冷的冬天保暖的被毛。

东方品种

　　最引人注目的苗条的猫就要数那些东方的品种了。它们大多都是在温暖气候中进化而来的，所以散发多余的热量要比保存热量来得重要得多。由于有着大大的耳朵、楔形的头部、纤细的腿、苗条的身体，还有细长的尾巴，这些猫获得了最大的体表面积来散发多余的热量。这种身体结构的猫往往都有着椭圆形的吊梢眼，而这种猫的经典代表就是暹罗猫（见 280 页）了。一些人声称，有很好的证据表明暹罗猫并不一直都是现在这个样子的，只是所谓"东方猫皆娇柔"的那套墨守成规的西方观念才造就了它们现在　　　的形态。例如，生活在日本的日本短尾猫（见150 和 304 页）和生活在北美的日本短尾猫比起来，就显得更为矮胖，而北美短尾猫的培育者就是要让它们看上去更精巧，更像典型的"东方"形态。在西方，新创造出来的一些品种完全是模仿东方猫的风格。自东南亚引入的早期暹罗猫曾有过非重点色短毛

东方化

德文卷毛猫起源于英国，在北美十分受欢迎，却有着一副东方长相。大大的耳朵和纤细的骨骼对于德文郡的猫而言，似乎并不常见。

温暖气候中的猫

像暹罗猫这样的东方猫总是有着轻盈的体形，不过它们的现代版体形则要比在泰国自然繁殖的那些暹罗猫更为纤细。

猫，但在它们消失殆尽之后，西方培育出了东方短毛猫（见292页）。至于另一些独特的西方品种，如柯尼斯卷毛猫（见312页）和德文卷毛猫（见318页）则就是为了要培育成东方猫的的样子。在东方品种中，暹罗猫仍然是最受欢迎的猫，但推崇者们已经不像以前那样狂热了。这可能是由于现在不少人已经不再热衷于那种"极致"的长相了。相反，有着暹罗猫与缅甸猫混血和一副"中等"长相的东奇尼猫（见274页）却十分受欢迎。

横越大西洋的对比

缅甸猫在欧洲的后代有了一张典型的三角形的脸，这恰好与它们在美国的亲戚们形成了鲜明的对比。

半外来品种

　　还有一群猫，它们的身体特征既不像北欧猫那样粗壮，又不像非洲和亚洲温暖气候里的猫那样柔软。这些精干而又健壮的猫往往被称作"半外来猫"。像土耳其安哥拉猫（见 100 页）、俄罗斯蓝短毛猫（见 224 页）和阿比西尼亚猫（见 232 页）这样的品种，都有着微微椭圆的吊梢眼、楔形的中等脑袋、苗条而又健壮的腿、椭圆形的脚爪，以及一条细长的锥形尾巴。

　　相当数量的新品种都是由自然半外来品种分化而来。相对原有品种而言，有一些新品种的猫甚至仅仅是拥有了新的毛色或毛长，比如奈贝长毛猫（见 96 页）以及更具争议的俄罗斯黑猫和俄罗斯白猫（见 226 页）。时尚似乎更眷顾那些半外来长相的猫。索马里猫（见 106 页）在北美的广告中就非常受欢迎，而正是它们的优雅而又不极端的魅力吸引着人们。

体形的新变化

　　培育技术已经可以培育出更大或是更小的猫，这种改变体形的可能性激起了许多培育者的兴趣。当这种行为成功的时候，这些猫在下一代的时候又会回归到一般家猫的体形。和狗不一样，家猫似乎有一个遗传先决的体形范围，只有通过与其他品种的猫杂交（outcrossing to other species）才能改变它们的体形。当然，这种行为也是备受争议的。一些以某个单一解剖特征来分类的品种往往存在一些仍未解决的畸形问题。比如，曼岛猫的无尾就与一些致命的健康问题联系在一起。家猫在经过了许多年的自然发展后，事实上已经进化到了一个比较完美的境界。而培育者们却动摇或改变这些本已完美的个体，这种无端的介入是否会显得自负而又不负责任呢？

美国的时尚

　　在北美，缅甸猫的长相相对更圆，其中最为显著的就是它们脑袋的形状。

眼睛的形状和颜色

　　相对于头部的大小而言，猫都有着一双不同寻常的大眼睛。这种眼睛与头部的大小比例关系同时也存在于许多动物的幼年时期，甚至人类也是如此。毫无疑问，这也就是引起人们关心小动物的潜意识因素，而猫咪则正好受益于此。　　许多培育者投入了巨大的精力，来求得特定的眼睛颜色，创造出了一系列明快的色度。小猫出生的时候都是蓝眼睛，但是随着身体的不断成熟，它们眼睛的颜色也会变化。成年猫的眼睛有各种颜色：铜褐色、橙色、黄色或是绿色；不过还有些会因为毛色基因而仍为蓝色。一些猫只有在拥有鲜亮眼睛的幼年时期才会被展出，而还有一些猫必须要用好几年的时间才能展现出它们最美的眼睛。

红铜色

金色

黄色调的眼睛

这些眼睛的颜色与野猫最为相似。许多绿眼睛的猫在达到成熟的眼睛颜色之前，都会经过早期的褐色或黄色的阶段。红铜色的眼睛会随着年龄的增长逐渐"褪色"，而金黄色的眼睛则会随着周围光线的变化而表现出极大的差异。

眼睛的形状

　　野猫的眼睛都是椭圆形，微微往上挑的。那些被认为与"自然"猫很相近的品种，如缅因浣熊猫（见 46 页）就有着这样"野性"的眼睛。自然的形状主要有两种发展途径：更圆的眼睛或更加吊梢的眼睛。总的来说，西方的老品种都有着突出的圆眼睛，比如夏特尔猫（见 218 页）；而有些东方的品种，比如缅甸猫（见 262 页），同样也有着圆眼睛，但东方猫品种中更常见的还是杏仁形的眼睛。极端的眼形也会引起很多问题。在扁平的脸上如果有一双突出的眼睛，则很容易引起眼泪外溢和感染的问题，而极其吊梢的眼睛也有可能会让黏液长期滞留。

褐色

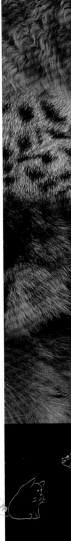

榛色

纯绿色

海绿色

泛绿的眼睛

绿眼睛在随机繁育的猫中十分常见，而不同色度的纯绿色可以界定好几个品种。

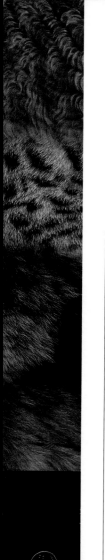

眼睛的颜色

　　野猫有着榛色和红铜色的眼睛，有时会偏黄或偏绿。培育者们已经在家猫身上创造出一系列颜色，从闪亮的蓝色一直到橙色。尽管大多数眼睛的颜色并不由毛色决定，但品种标准还是喜欢把这两者联系在一起。比如，银虎斑经常要求有绿色的眼睛，但遗传上它们通常都有红铜色或是金色的眼睛。

　　唯一一种与毛色相关的眼睛的颜色是蓝色。蓝眼睛可能是由各种形式的白化病导致被毛和虹膜缺少色素而引起的，这种情况可能发生在具有过白被毛的猫身上。有着蓝眼睛的白猫通常都是聋子，因为很不幸的是，引起色素缺乏的基因也会引起柯蒂氏器 (organ of Corti，耳蜗上的听觉感受器官) 的液体干枯，从而导致耳聋。

　　蓝眼睛的暹罗猫 (见 280 页) 由 19 世纪的自然学家 Peter Pallas 在高加索地区发现，它们的蓝眼睛则有着不同的来源。不过，虽然它们的蓝眼睛和耳聋并不相关，却和弱视有着很大关联。早期的暹罗猫经常会有斗鸡眼的问题，好在选择培育已经解决了这个问题，使它们没有了明显的视觉准确性缺陷。除此以外，猫身上至少还有一种稀有的蓝眼睛基因，会出现在任何毛色的猫身上。这种基因最早在 20 世纪 60 年代的英国被发现，随后在 70 年代于新西兰被发现，然后又是 80 年代在美国被发现。这些罕见的猫现在被称为 Ojos Azules，并仍在研究中。

蓝色的眼睛

由于蓝色的眼睛里缺乏色素，使得它们能够更多地吸收阳光，并产生身体所需的维生素 D，因此，蓝眼睛的猫大多是在光照强度较低的地区出现。暹罗猫的突变体就曾生活在亚洲北部地区，只是在人类的帮助下才来到了亚洲南部。蓝眼睛有着很多种不同的色深。

伯曼猫的小眼睛

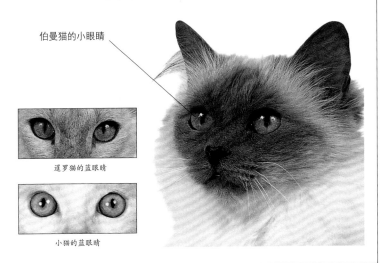

暹罗猫的蓝眼睛

小猫的蓝眼睛

索引

粗体的数字表示主要条目

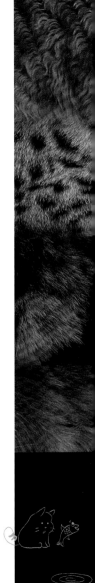

鸣 谢

对于那些放弃了自己的时间而让我们来拍摄他们的猫的主人们，我们深表谢意，没有他们的帮助，我们永远也无法完成这本书。在此，我们将逐页列出本书中被用作肖像的猫；黑体字的页码，必要时会列出该照片在页中的位置：顶部 (t)、底部 (b)、左边 (l)、中间 (c) 及右边 (r)。每只猫咪的名字后面都有其培育者和所有者（在括号中）的名字。猫咪所获奖项也会被逐一列出，如：冠军组 (Ch)，超级冠军组 (GrCh)，绝育组冠军 (Pr)，绝育组超级冠军 (GrPr)，超级总冠军 (SupGrCh)，绝育组超级总冠军 (SupGrPr)，欧洲冠军 (EurCh) 或国际冠军 (IntCh)。许多拍摄时还十分年轻的猫后来已赢得了更多的奖项，但本书仍保留其拍摄时的细节信息。

Dorling Kindersley 的所有照片均由 Tracy Morgan 和 Marc Henrie 拍摄完成。我们十分抱歉，尽管由 Chanan 和 Tetsu Yamazaki 提供的照片同样十分精彩，但未能被 Dorling Kindersley 采用。

Front jacket photo © Corbis

16,17,18 all Yamazaki; 19 Mowbray Tanamera D Cleford (D Cleford); 21 Chanan; 22 Cashel Golden Yuppie A Curley (A Curley); 23 GrPr Bellrai Faberge B & B Raine (B & B Raine); 24 Honeymist Roxana M Howes (M Howes); 25 Bellrai Creme Chanel B & B Raine (B & B Raine); 26 Adirtsa Choc Ice D Tynan (C & K Smith); 27 Adhuilo Meadowlands Alias P Hurrell (S Josling); 28 Amocasa Beau Brummel I Elliott (I Elliott); 30 Impeza Chokolotti C Rowark (E Baldwin); 31 Anneby Sunset A Bailey (A Bailey); 32–33 Watlove Mollie Mophead H Watson (H Watson); 34 cl Lizzara Rumbypumby Redted G Black (G Black); bl Chanterelle Velvet Cushion L Lavis (G Black); 35 Ch&GrPr Panjandrum April Surprice A Madden (A Madden); 36 Schwenthe Kiska FE Brigliadori (FE Brigliadori & K Robson); 37 Panjandrum Swansong A Madden (S Tallboys); 38 Saybrianna Tomorrow's Cream A Carritt (A Carritt); 39 Aesthetical Toty Temptress G Sharpe (H Hewitt); 40 Chehem Agassi (Christine Powell); 41 Chehem BryteSkye (Christine Powell); 42–43 Pandapaws Mr Biggs S Ward Smith (J Varley & J Dicks); 44–45 Rags n Riches Vito Maracana Robin Pickering

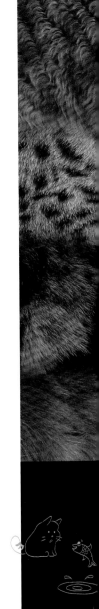

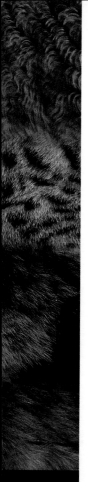

(Mrs J Moore); 46,47,48,50,51,52
Chanan; 53 Ch Keoka Ford Prefect;
54 GrCh Adinnlo Meddybemps; 55
Keoka Max Quordlepleen D Brinicombe
(D Brinicombe); 56 Keoka Aldebaran
D Brinicombe (D Brinicombe); 57 Ch
Keka Ursine Edward D Brinicombe
(D Brinicombe); 59 Lizzara Bardolph
(Ginny Black); 60 Skogens SF Eddan
Romeo AS Watt (S Garrett); 61
Tarakatt Tia (D Smith); 62 Sigurd Oski
(D Smich); 63 Skogens Magni AS Watt
(S Garrett); 64,65,66 all Yamazaki;
68 Olocha A Danveef (H von
Groneberg); 69,71 Yamazaki; 73
Chanan; 74,75,76–77 Yamazaki; 78
Chanan; 79 Yamazaki; 82,83
Yamazaki; 85 Chanan; 86 Bruvankedi
Kabugu B Cooper (B Cooper); 87
Cheratons Simply Red Mr & Mrs
Hassell (Mr & Mrs Hassell); 88 Ch
Lady Lubna Leanne Chatkantarra T
Boumeister (J Van der Werff); 89
Champion Cheratons Red Aurora Mr &
Mrs Hassell (Mr & Mrs Hassell);
90–91 Bruvankedi Mavi Bayas (Mr R
Cooper); 92,94–95 Chanan; 97,98–99
Yamazaki; 100 Shanna's Yacinta
Sajida M Harms (M Harms); 101
Chanan; 102 Shanna's Tombis Hanta
Yo M Harms Moeskops (G Rebel van
Kemenade); 103,104–105 Chanan;
106 Bealltaine Bezique T Stracstone
(T Stracstone); 107 unnamed kitten;
108–109 Dolente Angelica L Brisley
(L Brisley); 110–111 Beaumaris
Cherubina, A & B Gregory (A & B
Gregory); 113,115 G & T Oraas;

117 Favagella Brown Whispa J Bryson
(J Bryson); 118 Kennbury Dulcienea C
Lovell (K Harmon); 120–121 Palvjia
Pennyfromheaven J Burroughs (T
Tidey); 122 GrPr Nighteyes Cinderfella
J Pell (J Pell); 122–123 Blancsanglier
Rosensoleil A Bird (A Bird); 123 Ch
Apricat Silvercascade R Smyth (E & J
Robinson); 124 Pr Blancsanglier Beau
Brummel A Bird (A Bird); 125 Pr
Pandai Feargal E Corps (BV
Rickwood); 126–127 Jeuphi Golden
Girl J Phillips (L Cory); 128 GrPr
Nighteyes Cinderfella J Pell (J Pell);
129 t Ch Apricat Silvercascade R
Smyth (E & J Robinson), b Ronsline
Whistfull Spint R Farthing (R
Farthing); 130 Dasilva Tasha J St John
(C Russel & P Scrivener); 131
Mossgems Sheik Simizu M Mosscrop
(H Grenney), 132–133 Chantonel
Snowball Express R Elliott (R Elliott);
134 Palantir Waza Tayriphyng J May (J
May); 135 Lipema Shimazaki P Brown
(G Dean); 136–137 Quinkent Honey's
Mi Lei Fo IA van der Reckweg (IA van
der Reckweg); 139,141 all Chanan;
143,145 Yamazaki; 146–147,148–149
all K Leonov; 151 Chanan;
152–153 Yamazaki; 154 Maggie
(Bethlehem Cat Sanctuary); 155
Dumpling (Bethlehem Cat Sanctuary);
158 Chanan; 159 Yamazaki; 160
Pennydown Pennv Black SW McEwen
(SW McEwen); 161 t Yamazaki, b
Chanan; 162–163 Yamazaki; 164
GrCh Starfrost Dommic E Conlin (C
Greenal); 165 Ch Sargenta Silver Dan

U Graves (U Graves); 166 GrCh Maruja Samson M Moorhead (M Moorhead); 167 Susian JustJudy S Kempster (M Way); 168 Miletree Black Rod R Towse (R Towse); 169 Ch & SupGrPr Welquest Snowman A Welsh (A Welsh); 170 Miletree Magpie R Towse (M le Mounier); 172 Ch Bartania Pomme Frits B Beck (B Beck); 173 t Kavida Kadberry L Berry (L Berry), c GrCh Westways Punfect Amee A West (GB Ellins); 174 Cordelia Cassandra J Codling (C Excell); 175 Kavida Misty Daydream L Berry (L Berry); 177 Yamazaki; 178 Minty L Williams (H Walker & K Bullin); 179 Adrish Alenka L Price (L Williams); 180 Chanan; 181,182 Yamazaki; 185 Chanan; 186,187,189,190 Yamazaki; 192,193,194,195,197, 198–199,201 Chanan; 203, 204–205,206,207 Yamazaki; 209,210,211 Chanan; 213 Aurora de Santanoe L Kenter (L Kenter); 214 Eldoria's Yossarian O van Beck & A Quast (O van Beck & A Quast); 215 IntCh Orions Guru Lomaers (Mulder Hopma); 216 Eldorias Goldfinger, 217 Eldoria's Crazy Girl, 219 Ch Comte Davidof de Lasalle, 220 Donna Eurydice de Lasalle, 221,222–223 IntCh Amaranthoe Lasalle, all K ten Broek (K ten Broek); 224 Astahazy Zeffirelli (M von Kirchberg); 227 Yamazaki; 228–229,230 Chanan; 231 Yamazaki; 232–233 Karthwine Elven Moonstock R Clayton

(M Crane); 234 t and bl Ch Anera Ula C Macaulay (C Symonds), be Braeside Marimba H Hewirt (H Hewitt); 235 GrCh Emarelle Milos MR Lyall (R Hopkins); 236 Satusai Fawn Amy I Reid (I Reid); 237 Lionelle Rupert Bear C Bailey (C Tencor); 239,240–241 T Straede; 243 Slivaner Pollyanna, 244–245 Silvaner Kuan, all C Thompson (C Thompson); 249 Phoebe (F Kerr); 247,248 GrCh Aerostar Spectre JED Mackie (S Callen & I Hotten); 250, 251 Chanan; 252–253 Yamazaki; 254 Ballego Betty Boo J Gillies (J Gillies); 255 Kartuch Benifer C & T Clark (C & T Clark); 256 Vatan Mimi D Beech & J Chalmers (J Moore); 257 Lasiesta Blackberry Girl GW Dyson (GW Dyson); 258 Boronga Blaktortie Dollyvee P Impson (J Quiddington); 259 Boronga Black Othello P Impson (J Thurman); 260 Vervain Goldberry N Johnson (N Johnson); 261 Vervain Ered Luin N Johnson (N Johnson);262,264, 265,266,267 Chanan; 268 GrCh Bambino Alice Bugown B Boizard Neal (B Boizard Neal); 269 Ch Bambino Seawitch B Boizard Neal (B Boizard Neal); 270 Impromptu Crystal M Garrod (M Garrod); 271 Braeside Red Sensation H Hewitt (H Hewitt); 272 Ch Hobberdy Hokey Cokey A Virtue (A Virrue); 273 Ch Bambino Dreamy B Boizard Neal (B Boizard Neal); 275 Romantica Marcus Macoy (Mrs

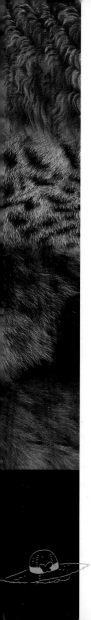

Davison); 276 Grimspound Majesticlady Miss Hodgkinson (Miss Hodgkinson); 277 Tonkitu's Adinnsh Xin Wun D Burke (D Burke); 278 Tonkitu Mingchen D Burke (D Burke); 279 Episcopus Leonidas (Mrs Murray Langley); 281 Ch Pannaduloa Phaedra J Hansson (J Hansson); 282 Yamazaki; 283 Ch Willowbreeze Goinsolo Mr & Mrs Robinson (TK Hull Williams); 284,285 Yamazaki; 286 GrCh Dawnus Primadonna A Douglas (A Douglas); 287 GrCh Pannaduloa Yentantethra J Hansson (J Hansson); 288 Ch Darling Copper Kingdom I George (S Mauchline); 289 tr Mewzishun Bel Canto A Greatorex (D Aubyn), bl Indalo Knights Templar P Bridham (P Bridham); 290 Merescuff Allart (E Mackenzie Wood); 291 Ch Sisar Brie L Pummell (L Pummell); 293 Jasrobinka Annamonique P & J Choppen (P & J Choppen); 294 tl Tenaj Blue Max J Tonkinson (K Iremonger), r Simonshi Sylvester Sneakly S Cosgrove (S Cosgrove), b ChPr Adixish Minos Mercury A Concanon (A Concanon); 295 GrCh Sukinfer Samari J O'Boyle (J O'Boyle); 296 Simonski Sylvester Sneakly S Cosgrove (S Cosgrove); 297 GrPr Jasrobinka Jeronimo P & J choppen (P & J Choppen); 298 Saxongate Paler Shades (D Buxcey); 299 Adhuish Tuwhit Tuwhoo N Williams (N Williams) 300 Parthia Angelica MA Skelton (MA Skelton);

301 Sunjade Brandy Snap E Wildon (E Tomlinson); 302 Scilouette Angzhi C & T Clark (C & T Clark); 303 Scintilla Silver Whirligig P Turner (D Walker); 305 Yamazaki; 306–307 Ngkomo Ota A Scruggs (L Marcel); 309,311 Yamazaki; 313 Myowal Rudolph J Cornish (J Compton); 314 Pr Adkrish Samson PK Weissman (PK Weissman); 315 Leshocha Azure My Friend E Himmerston (E Himmerston); 316,317 Chanan; 318 Adhuish Grainne N Jarrett (J Burton); 319 UKGrCh Nobilero Loric Vilesilenca AE & RE Hobson (M Reed); 320 Pr Bobire Justin Tyme IE Longhurst (A Charlton); 321 GrCh Ikari Donna S Davey (J Plumb); 322 GrPr Bevilleon Dandy Lion B Lyon (M Chitty); 323 Myowal Susie Sioux G Cornish (J & B Archer); 324 Reaha Anda Bebare S Scanlin (A Rushbrook & J Plumb); 325,326–327 Yamazaki; 329,331 Chanan; 333,334,335,3 36–337 Yamazaki; 338 Chanan; 339 Yamazaki; 340,341 Chanan; 342 Yamazaki; 343 Chanan; 344 Gaylee Diablo M Nicholson (M Nicholson); 345 Gaylee Diablo M Nicholson (M Nicholson); 346 Chanan; 348–349 Gaylee Diablo M Nicholson (M Nicholson); 351,352– 353,354,355 Yamazaki; 356 Friskie (Bethlehem Cat Sanctuary); 357 t name unknown, c name unknown Jane Burton, b Sinbad Sailor Blue (V Lew). 382 Chanan